田园风格 空间·物语
Country Style

DAM 工作室 主编

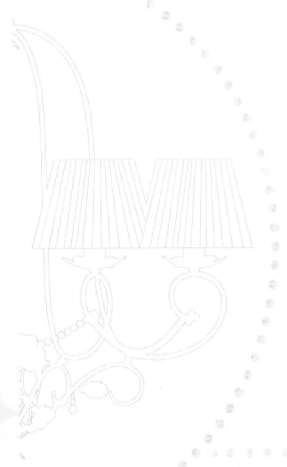

U0308674

华中科技大学出版社
http://www.hustp.com
中国·武汉

序言 Preface

无都市不田园，无田园不生活

"世界大同的理想生活，就是住在英国的乡村。" ——林语堂

当我在欧洲各国游历时，一个鲜明的印象越来越清晰地出现在我的脑海里：欧洲文化的精髓，更多的存留于欧洲的乡间，而非大都市之中。那些宁静的乡村城镇、舒适的古老宅邸，以及蜿蜒在草地和田野间的道路，无一不代表着传统的欧洲田园生活，在快节奏的当代生活中，已经越来越成为一种奢侈品。

具体到日常的设计工作，我发现田园风格是一种长久不衰的流行装饰风格。尤其是生活在喧嚣都市中的业主们，很多都选择了这种令人放松和舒适的室内环境。其实，他们是通过这种室内设计装饰风格，来表达对乡村生活的渴望。田园牧歌般的乡村生活，不仅代表着一种平和、静谧和从容不迫的生活态度。同时，也是一种富足、休闲和品位的象征。

虽然田园风格按照地域又分为欧式、美式和中式等子风格。但从本质上来说，设计师都是在通过空间塑造手段，为空间中的人讲述一个个关于土地、植物、动物，以及大海、白云甚至空气的故事。所以，各种田园风格在本质上是互通的。通过设计师的巧思和妙笔，各种田园风格可以和谐的混搭在一起，创造出更加美好的室内环境。

在我的设计实践中，田园风格的色彩也不仅仅局限于清淡的自然色。大自然中的所有色彩，以及人类能够调和出的所有颜色，其实都能使用在田园风格中。所谓"在田园风格当中，只能使用泥土色、木色等自然界固有色彩"的说法，反而会限制设计师的想象力和创造力。

在本书行将付梓之际，我非常欣喜地看到，有那么多优秀的田园风格方案，已经出现在我们的生活中。可以说，正是都市的快节奏生活，让我们更加向往田园生活的美好；而田园风格所代表的平和、充实，也正是我们追求品质生活的一种极致。

北京王凤波装饰设计机构设计总监　王凤波

目录
Contents

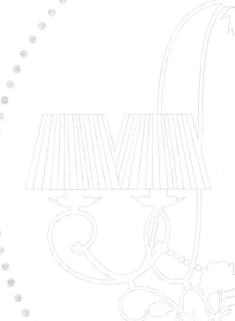

杨旭光

深圳市老鬼设计事务所设计总监

杨旭光，人称老鬼，人如其名的鬼才室内设计师。2012年开始从事室内设计，其设计以人为本，以情为根，走民族、现代、文化、艺术之路，寻求时代应用技术与环境美学情感，被尊称为"空间情感设计大师"。

Q：提问
1. 田园风格最大的特色在哪里？

A：解答
最大特色不在于外象的表现，而体现于空间内质。田园风格的内质就是表现出空间的自然闲适感，更深的表现是，人们心中所期待的一种质朴、清新的生活价值观和生命观。

Q：提问
2. 田园风格在设计上有哪些要注意的？

A：解答
始终要考虑到舒适度和闲适感。不同空间的设计也会有细微的区别，同时，我们谈论的田园风格是一个大的概念，不同的区域文化背景，也会有不同的田园风格。事实上，我个人主张弱化风格，而更关注人在空间中的生命和生活体验。田园风格带给人的生命和生活体验应该是"自在"，自在的生活，自在的生命。

Q：提问
3. 最能体现此种风格的软装是什么，这种产品应该有些什么样的特质？

A：解答
实木、花草、印花布……田园风格崇尚自然，反对过度的雕饰和夸张的华丽感，这也正是这类产品的特质。它们会让空间多一份自然的气息，也会让人多一份闲适的心境。

Q：提问
4. 国外的田园风格和国内常见的田园风格空间，有什么样的差异？

A：解答
这种差异在过去表现得比较明显，两种不同的文明形态之下，人们对自然的看法也是不同的。

Q：提问
5. 田园风格家居对使用者的生活有何影响？

A：解答
最大的影响或许就是让人们更加尊崇自然、热爱自然，从而更加珍惜每一个简单而幸福、温馨的日子。我们的设计始终是为生活服务的，"设计让生活更美好"是亘古不变的设计精神。

对话设计师

Q：提问
6. 设计过程中，应该如何保持设计理想与现实之间的平衡？

A：解答

设计理想和现实从来就不用平衡，我们很难界定是设计理想高于设计现实，还是设计现实高于设计理想。大多数时候，人们习惯性地以为设计理想高于设计现实。对于我而言，设计理想是为每一个具体的设计服务的，每一个具体的设计又都是在表达那个从来就不曾存在于现实的设计理想。这两者不应该用"平衡"与否去界定。

Q：提问
7. 田园风格的精神是什么，一般人可以自己打造吗？

A：解答

用"打造"实际上并不妥当，田园风格的精神就是崇尚自然。每个人的心底深处实际上都有一个田园梦，只不所过面临的现实会让人无暇顾及这种心境。但是，每个人都能找到属于自己的田园风格，作为设计师，很多时候是帮着人们去发现。

人间诡境

设计公司：深圳市老鬼设计事务所
设计师：老鬼
面积：1 000 平方米

设计说明

当别人问起"您这是什么风格？"时，"鬼派设计"是最好的诠释。事实上，在设计之初，老鬼并不想要一种被大多数人贴上风格标签的设计。但是老鬼的作品依旧是"有迹可循"的。自幼学习书画的老鬼，将书画艺术中的写意与意象之美融入到设计之中，再加上其特立独行的"鬼派"设计语言，最终呈现的空间效果既有着人间的舒适，亦有着"诡境"的灵动气韵。

摒弃高大上的设计元素，从生活中选材。打破陈规，从自然中寻找规则。河边捡来的石头、地上扒来的砖块、被人遗弃的破损石像……皆可成为老鬼的设计元素。这种"任性"是对自然的尊崇，也是对自己的肯定。他不去试图改变自然之美，而是在自然之美上赋予变幻莫测的"诡计"，使之"气韵生动"。

袁毅

重庆品辰装饰工程设计有限公司副总
中国建筑学会室内设计分会CIID成员
重庆市室内设计企业联合会（CIDEA）高级会员

Q：提问
1. 田园风格最大的特色在哪里？

A：解答
自然而不着痕迹，让整个空间流露出一种自然、放松的氛围。

Q：提问
2. 田园风格在设计上有哪些要注意的？

A：解答
过分讲求风格及特色，会导致造型做得过于浮夸，应有节制地抓住某些元素，淡淡地诉说一种宁静怡然的生活体验。

Q：提问
3. 最能体现此种风格的软装是什么，这种产品应该有些什么样的特质？

A：解答
比较贴近于自然质感或者具有本地特色的材质，如亚麻、实木以及具有自然肌理的石材等。

Q：提问
4. 国外的田园风格和国内常见的田园风格空间，有什么样的差异？

A：解答
从要达到的空间诉求来说，本质上没有太大的差异。如果真要说差异，主要来自于建筑本身的历史感和材质上的不同。

Q：提问
5. 居住空间要形成田园风格，要如何规划？

A：解答
要注重空间的穿透及借景，不要把每个空间界面划分得过于死板；在色彩上要尽量柔和，卫生间尽可能地留出充足的面积，来保障使用的舒适性。

Q：提问
6. 田园风格家居对使用者的生活有何影响？

A：解答
使使用者能远离喧嚣的都市，寻找来自原野的气息，让在都市中繁忙工作的人们回到家能有一种宁静、舒适的体验，享受悠闲舒畅的生活环境。

对话设计师

Q: 提问
7. 设计过程中，应该如何保持设计理想与现实之间的平衡？

A: 解答
设计师认为，设计理想与设计现实之间的平衡应注重两个方面，一是度的平衡，如果在设计上做得过度，可能在视觉感受上比较有冲击力，但时间长了以后并不会让人有放松的感觉；在经济预算上，一定要和业主取得更多的沟通，业主也要向设计师表达自己真实的承受能力。

Q: 提问
8. 田园风格的精神是什么，一般人可以自己打造吗？

A: 解答
崇尚自然、绿色，不盲从、不跟风。
建议在硬装规划上还是要有专业的设计师一起把控，软装上可以挑选一些自己喜欢的东西。

Q: 提问
9. 在您的设计职业生涯里，有什么难忘的经历吗，能否分享一下？

A: 解答
从学生时代开始，一直比较喜欢设计；开始从事设计工作以后，发现设计除了是自己的喜好外，也会遇到很多实际上的阻碍，所以在设计中要懂得适当的取舍。

理想的靠近 静静的生活

设计公司：品辰设计

硬装设计：庞一飞、袁毅

软装设计：张婧、夏婷婷

面积：180 平方米

主要材料：做旧实木地板、硅藻泥、水曲柳木饰面、爱琴海灰石材、麻布布艺

设计说明

冬日午后，甜点搭配着日光，于户外坐席之上，静看飞鸟白云，光是这样呆望心情便会极好。隐约间可看到不远处的炊烟和昨日泛舟的洱海。在这样的空间纵享大理所有，没有观光客的叨扰，静静品味。

品辰对半地下室的空间关系重新进行了梳理，目的是让柔和的日光可以渗入室内，与人分忧。于一个理想的下午，带上悠闲的心情，逛逛当地的菜市场，亲自为亲友挑选食材，准备一顿丰盛的晚餐。沉醉于想象世界，酝酿出许多鲜活的灵感，让创意能量不断累积。

定制的波斯地毯、羊皮手工灯、室内的暖色光线，让人只想蜗居室内。区域的纯粹、朴实及丰富的老时光生活感让居住者足以回味多年。就这样，对大理的期望值已被新鲜感不断刷新，感觉总要吸收一些与众不同的东西，才是无憾。

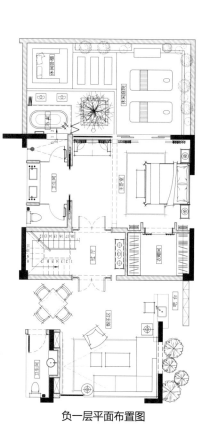

负一层平面布置图

一层平面布置图

追忆似水年华

设计公司：品辰设计
设计师：庞一飞
软装设计：程静
面积：92 平方米

设计说明

如果你爱上了某个星球的一朵花，
那么，只要在夜晚仰望星空，
漫天的繁星就会是一朵朵盛开的花。

那些终将被遗忘的梦中的小径、山峦与田野，
那些永远不会实现的梦，
当岁月流逝，万物消弭之时，
唯有空中飘荡的气味还久久不散，
往事历历在目。

童年时代的那些公主梦。
都如似水年华，匆匆一瞥，便是多少岁月，
皆化为轻描淡写，
忙碌的都市人啊，可还记得你们最初的梦？

游心才有型

设计公司：品辰设计
设计师：庞一飞、 李健
软装设计： 程静、 秦弦
深化设计：李健井
面积：92 平方米
主要材料：木地板、石材、墙纸、乳胶漆、木饰面

设计说明

庄子曾经说过： "乘物以游心"。所谓 "乘物"，就是对自然规律、知识和法则的掌握与驾驭，唯有了解真知，才能够 "游心"，即才有精神的自由和解放。

设计亦是如此，唯有真正了解空间的精神气质，才能释放出空间的品性。每天无忧无虑地呼吸着清新的空气，观望着好山好水，那便是大部分人心底的田园。

印象也好，憧憬也罢。我们注重内在思想文化的修养，想要展现出一种自然随和的大气风尚，抹去俗世的尘埃，汲取自然赋予的无限力量，重拾自然恬淡的心境，这便是设计的力量。

殷艳明

深圳市创域设计有限公司设计总监
中国建筑学会室内设计分会第三专业委员会副秘书长
高级室内建筑师
深圳市陈设艺术协会常务理事
SIID深圳市室内建筑设计行业协会理事
广东设计师联盟常务理事
国际室内建筑师/设计师联盟深圳委员会委员

2014荣膺深圳市装饰行业十佳精英设计师；
2014年第一届中国软装设计艺术佥凤凰传承大奖；
2011、2013年荣膺"金堂奖"中国室内设计年度样板间/售楼处十佳作品；

设计理念："生长之性，创新之至"，设计是艺术与技术的结合，个性与原创性是我们的设计追求，通过对空间的诠释，构建软硬装一体化的空间意境，让设计在平和中感受精彩，在精彩中感受内敛。

Q：提问

1. 田园风格最大的特色在哪里？

A：解答

田园风格其主旨是通过整体氛围的营造表现出田园的气息，是一种贴近自然、向往自然的风格。田园风格的特点是朴实、亲切、自然、舒适、惬意。其中朴实是此风格最受青睐的一个特点，在喧嚣的城市中，人们都想亲近自然，追求朴实的生活；同时田园风格是一种低调而富有生活情趣的风格，令人身心放松、回归平和，对田园风格的意境塑造表达了当下人们的审美追求和价值观。

Q：提问

2. 田园风格在设计上有哪些要注意的？

A：解答

田园风格在设计上最主要的是突出空间主题，室内要呈现出一种舒适、自然的感受。室内功能区域划分、色彩搭配等都要合理，这些都影响田园风格的整体感受。因此在设计中一定要思路明确，空间的迴遽、材质的对比、灯光的表达等，其中色彩搭配是非常重要的一点，在确定主题风格之后，就确定了主体色彩，切勿使用过多的花哨技巧，实用性、功能性、亲和性非常重要。材质的选择是自然呈现方式中重要的一环，质朴、自然的材质打造，配合空间造型方能烘托出空间的性格与品位。

Q：提问

3. 最能体现此种风格的软装是什么，这种产品应该有些什么样的特质？

A：解答

最能体现此风格的软装应该是织物，织物布艺本身就有一种柔和的质感，其材质的特性可以柔化空间的冷硬。物料语言在不同空间中有不同的空间表情，赋予空间一种温馨的格调，使原来生硬的空间不再冰冷单一，通过织物的装饰点缀，使空间清新、自然、柔和、温暖，当然摆件、绿植的陈设对于空间来说也起到了极好的点睛作用。

Q：提问

4. 国外的田园风格和国内常见的田园风格空间，有什么样的差异？

A：解答

国外的田园风格在室内环境中力求表现悠闲、舒畅、自然的田园生活情趣，也常运用天然木、石、藤、竹等材质质朴的纹理，巧妙地设置室内绿化，创造自然、简朴、高雅的氛围。有务实、规范、成熟的特点，也在一定的程度上表现出居住者的品位、爱好和生活价值观。

国内常见的田园风格倡导"回归自然"，美学上推崇"自然美"，认为只有崇尚自然、结合自然，才能在当今高科技快节奏的社会生活中获取生理和心理的平衡。因此文化的差异是国内外田园风格的不同点，力求表现悠闲、舒畅、自然的田园生活情趣是差异化中的共同点。

Q：提问

5. 居住空间要形成田园风格，要如何规划？

A：解答

田园风格要突出的是一种舒适、自然的感觉，这里需要从多个方面进行布局设置，如室内功能区域划分，阳台、露台空间的利用，以及色彩、材质的搭配等，方方面面都影响田园风格的设计效果。

在田园风格规划设计中，要根据不同主题来区别对待，业内常规的定义把田园风格分为：欧式田园、美式田园、英式田园、韩式田园、中式田园风格等，在所有细分类别中都会归纳出具有特质的几大元素，比如常用材质里的原木、砖、彩绘、艺术墙纸、铁艺、花卉织物、棉麻布艺等。

田园风格的核心是通过对不同空间的整合，力求室内外空间的一体化，在自然不做作的随性中把对家的情感和爱融入设计表达。

Q：提问

6. 田园风格家居对使用者的生活有何影响？

A：解答

田园风格家居给人带来温馨舒适的生活环境，没有很复杂奢华的装饰，不会觉得浮躁，给人亲近自然和温馨的感觉。在现今日益发达的城市中，因为繁杂喧闹并且污染越来越严重的城市环境和快速的生活节奏、繁忙的工作压力，使得现代的城市人将羡慕的眼光投向了曾经不屑的乡村田园。他们重新开始对乡村田园生活方式感到好奇或向往。对于曾经忽视的田园留存的独特民间艺术形式也很感兴趣。越来越多的城市人更愿意把家打造成田园风格，这是一种生活方式的本真回归。另外田园风格的软装搭配加强了室内效果，增进了生活环境的性格品位和艺术品位，良好的配饰能够改善空间动态、柔化家居空间、烘托环境的氛围及强化空间的风格。

对话设计师

Q：提问

Q：提问
7. 设计过程中，应该如何保持设计理想与现实之间的平衡？

A：解答
对于设计师而言，作品的空间总是会有大小的界定，而设计的边缘却是与生活的疆界平行的，这注定设计本身是一个大概念，是一种跨界的艺术，这不仅表现在设计思想来源和想象创意的宽广，而且表现在设计手段的多样化，其中声、光、电、材料、艺术品等知识的发展会给作品注入更多时尚的元素。当然，我们还必须看到室内设计区别于艺术作品的本质之处，即它首先是商业设计。当你撒下想象的大网，收获诸多想法之后，还必须对这些理想状态下的创意思维作减法，凝聚出核心的思想以达到商业行为的本位价值。因而室内设计与商业价值既相依存又相矛盾，很多优秀的设计作品正是游离于两者之间，如何实现两者间巨大的张力，这就依赖于一个"巧"字，立意的巧，使用功能的巧，更多的是平衡相互关系的巧。

Q：提问
8. 田园风格的精神是什么，一般人可以自己打造吗？

A：解答
田园风格的精神是以自然之意传递生活空间美学，回归自然，不精雕细刻。田园风格力求表现自然的田园生活情趣，也迎合了当下人们对自然环境的关心、回归和渴望，造就了田园风格设计在当今时代的复兴和流行。
在风格主题明确的前提下，通过室内陈设和艺术品的配搭，体现自然情趣和个人审美，最终让空间以更写意的方式传递生活感悟，这是回归大众审美的一种精神和生活品位的推广，普通民众是可以自己打造出富有个人审美趣味的舒适空间的。

Q：提问
9. 在您的设计职业生涯里，有什么难忘的经历吗，能否分享一下？

A：解答
职业生涯中我觉得设计的匠心与传承是很重要的，在1997—1999年，因为沈阳皇朝万豪酒店项目（当年东北第一家国际五星级酒店）的关系，我作为香港一家设计公司主管在现场负责设计与项目监理，两年的项目历练，让我充分明白从设计到落地和大型项目的现场经验。之后我因为这个项目承接了另外两个项目，其中因"大连皇朝酒店"荣获"2009金堂奖中国十大酒店空间设计师荣誉称号"，当时因为扎实的手绘基本功，在与业主十几分钟的交流和现场手绘草图后就确立了合作关系，这是个小故事，但是可以看出用心做设计是能真正得到认可的。
当下设计行业充斥着浮躁和急功近利的情绪，忽略设计基本功，缺乏工匠精神和对行业的坚守。设计是需要阅历和时间积淀的行业，没有积累、历练是不可能转变为真正设计师的。好的作品应该经得起时间的磨砺，而且口碑好坏与作品的优劣也有很大关系，没有好的作品就没有之后我们承接的很多新项目。可以说，重拾工匠精神，让设计成为能影响一批人的生活方式是非常有意义的。

Q：提问
10. 推荐几个您欣赏的设计师和几本优秀的设计类图书吧，为什么是他们而不是其他人呢？

A：解答
《设计的觉醒》是田中一光先生在中国大陆首次发行的文集，他用文字将读者带入自己的工作与生活，去体验与众不同的设计人生，进而认识一个真实、全面的田中一光。身为设计师的田中一光先生，以清丽优美的笔触，充满画面感的描写与记录，将设计之道与生活之道自然融合，在启迪设计智慧的同时，也为读者打开了更广阔的生活视野。
《34位顶尖设计师的思考术》是史蒂芬·赫勒和艾琳诺·派蒂给下一代设计者的秘诀思考术，这本书就是他们的自白，他们不仅关注建筑设计，而且也关注平面设计、网络游戏、网络设计、室内设计，对设计与生活中遇到的问题，提出了创意性的解决思路与解决方法，挖掘出设计师内心的独白。在个案中寻找设计的本质、设计的最终目的，以及我们从哪来到哪去等问题的答案，对从事与设计行业相关工作的设计师，都有很好的启发。
我比较欣赏的设计师有两位：
一位是日本设计师隈研吾，他是善于"让建筑消失"的设计师。他总是尝试用无秩序来消除建筑的存在感，致敬自然，让它们隐蔽在环境中。从《十宅论》到《新建筑入门》，到《反造型》，到《负建筑》，他的建筑理念，越来越和西方的现代主义和后现代主义背道而驰。隈研吾摒弃强建筑的理念，提出了"负建筑"、"弱建筑"的理念，即"把建筑作为配角，把环境放在主要位置"。而更为重要的是，它还能让失去安全感的现代人，感受到传统建筑的温情和柔性之美。
另一位是60多岁的德国设计师丹尼尔·里伯斯金，直到20世纪80年代，40多岁的里伯斯金被邀请在德国设计犹太人博物馆，纪念在奥斯维辛集中营中死去的艺术家费利克斯·纳什鲍姆。里伯斯金遍布世界各地的作品都用建筑去反思，用建筑去解构、思考过去与未来的关系。而对绘画的感悟，也令其作品变得不仅仅只是建筑，更是一种艺术。强烈的视觉影像特征和符号性，令他的建筑在城市中脱颖而出，成为游客们朝圣的地标。
两位设计师分别是东方和西方的设计代表人物，他们从建筑、室内一体化等方面来传递自己设计理念，并形成了相应的理论基础，始终坚守自己的艺术价值观，不单专注于设计而且通过传递思想影响了当代建筑及设计界对城市、环境和人文本位的思考。

深圳熙璟城样板房6#B户型

设计公司：深圳创域设计有限公司 / 殷艳明设计顾问有限公司
面积：73 平方米
主要材料：石材、砖、墙纸、木地板、木饰面、金属

设计说明

本案采用清新现代的简约手法，将自然、明媚的春天般气息散发出来，虽然没有华丽的装饰，但家的温馨与舒适感无处不在。

整个空间设计比较方正，以米灰色系延展。客厅采用新绿、象牙白软饰，家具及墙面造型则以木色为主，设计元素以抽象树木的几何元素点明设计主题。白色沙发搭配格子相间的靠枕，给人清新、自然的舒适感。水滴形茶几上摆放的鲜花、时尚杂志，为整个环境增添了不少生机。

卧室米色的墙纸与灰色的地毯搭配使空间色调趋于静谧，让人倍感舒适惬意。装饰柜处的绿白相间插花与小鸟的对话活跃了整个空间，同时也与客厅的色彩保持一致。床头背景墙的芭蕉装饰画笔精墨妙，犹如孔雀开屏竖起的五彩缤纷的彩扇，并与床头绿白相间靠枕搭配，线条简约流畅，让小小的居室空间既层次丰富又和谐统一。女孩房粉紫色调温馨甜美，娇俏的粉红色明艳照人，弥漫整个空间，甜美的感觉呼之欲出。

整个房间在配饰上，以陶瓷铁艺挂件、创意小盆栽、装饰抽象画、托盘摆件等装饰空间，简洁的造型、完美的细节，营造出时尚前卫的感觉。

错落有致的陈设装饰构造出层层递进的层次感，浓郁清新的色彩碰撞加之柔和而温暖的灯光情调，整个空间仿佛是一幅清新主义的油画。阳光的午后，那些看似漫不经心的装饰搭配，却处处流露着精致细腻的幸福感。

平面布置图

悠悠情怀 自由自在

项目名称：四川眉山凯旋国际广场 c5 户型样板间
设计公司：深圳创域设计有限公司 / 殷艳明设计顾问有限公司
面积：95 平方米
主要材料：乳胶漆、墙纸、木地板、地砖、石材

设计说明

希腊雅典是人类文明的重要发祥地，有着数不尽的文化艺术宝藏，其建筑更是雄伟壮观。如果在雅典四周仔细观察，便可发现，沐浴在神圣的希腊神话下的百姓，其生活既俭朴又自然。房屋有的是白色的墙面，灰色尖顶，布满各式鲜花的彩色窗户，庭院中，随意摆放于花草之间的沙发、座椅和餐桌椅，让人能够于回归自然的景色中，尽享地中海阳光与海风的惬意风光。

本案灵感来自迷人的地中海风格，以现代审美打造古典韵味，用简单的意念捕捉光线、大胆而自由的色彩运用，样式、取材来自大自然，居住环境中充盈着蓝天、碧海的安宁静谧。

进入玄关，正对面是成品装饰鞋柜，丰富的层板设计适应了家庭结构的需求。客厅中央美丽的吊式水晶灯绽放出耀眼夺目的光芒，显现出华丽尊贵的气质。茶几下蓝白相间的地毯在水晶灯的照射下犹如海面波光粼粼，美丽极了。空间中蓝色与白色无处不在，好像薄纱一般轻柔，让人感到自由自在。背景墙上陶瓷挂件犹如将碧海、蓝天连成一片，仿佛听见了海风在歌唱，一朵浪花，一缕海风，在风中嬉闹，在浪中沉醉。

卧室的设计在色调上以白色、木色、蓝色为基调，再通过中间色系的过渡和咖啡色点缀，使整个空间在极具视觉冲击力的同时又不失和谐，温馨而舒适。结合室外环境，将外在的自然环境融入室内环境之中，使得整个空间更加亲近自然，从而达到人与自然的完美相融。在空间上的设计不仅考虑了正常的休息功能，同时也丰富了空间使用与储藏功能，达到功能与形式的有机结合。

在整体装饰上，到处充满着和谐与温馨，让人心情舒畅，简单质朴的肌理墙面渲染着地中海的情怀，大自然的色彩就在这样的背景上展开。装饰元素的不断呼应和延续，令整个空间在变化中拥有统一的特质，温情无处不在。

平面布置图

王光辉（左）

深圳市太谷设计顾问有限公司设计总监

谭侃（右）

深圳市太谷设计顾问有限公司执行董事

Q：提问

1. 田园风格最大的特色在哪里？

A：解答

田园风格之所以称为田园风格，是因为田园风格表现的主题贴近自然，向往自然，展现朴实生活的气息。田园风格最大的特点就是朴实、亲切、实在。

Q：提问

2. 田园风格在设计上有哪些要注意的？

A：解答

①块毯的使用在色调上要跟地面拉开层次，不要太花、太古典的图案；

②墙面色调不要太鲜艳，米色、淡黄、浅灰绿，甚至浅灰色都是不错的选择；

③沙发选择复古的三人长条沙发，颜色尽量和墙拉开距离，可以是跳跃性的颜色；

④家具白色与木色混搭，椅子最好也混搭，甚至餐桌也可以搭配六把不同颜色不停同款式的椅子，但风格不能太冲突；

⑤搭配点铁艺元素；

⑥硬装适度做减法；

⑦田园风格装修有技巧，切勿盲目堆砌，注重层次，突出个性。

Q：提问

3. 最能体现此种风格的软装是什么，这种产品应该有些什么样的特质？

A：解答

具有自然山野风味的软装饰品。比如使用一些白榆制成的保持其自然本色的橱柜和餐桌，藤柳编织成的沙发椅，草编的地毯，蓝色印花布的窗帘和窗罩，白墙上可再挂几个风筝、挂盘、挂瓶、红辣椒、玉米棒等具乡土气息的装饰物。用有节木材、方格、直条和花草图案，以朴素的、自然的干燥花或干燥蔬菜等装饰物去装点细节，营造一种朴素、原始之感。

Q：提问

4. 国外的田园风格和国内常见的田园风格空间，有什么样的差异？

A：解答

在国外，田园装修风格更多地被应用于一些木质结构的住宅中。"我们从国外田园风格设计作品中看到的木质护墙板、房梁其实都是建筑原有的结构，而且这些木质结构自身便具有一种历史的沧桑感。"郑州装修第一网介绍，目前国内很多公寓也选用田园风格，设计师为了体现田园气息，会在装修时加入很多木质装饰，但这种新建的装饰往往很难像国外作品中那样自然。

国外的建筑往往比国内更高一些，且户型结构也不尽相同，因此国外的田园风格设计作品看起来更清新。

对话设计师

A：解答
功能与美观的矛盾与协调、统一，总会让自己不断地去尝试更多的可能性，虽然过程很痛苦，但问题解决之后结果总是令人愉悦的。

Q：提问
5. 居住空间要形成田园风格，要如何规划？

A：解答
①纯白色调，确定主色调。②白色或木色家具。③碎花或者条纹布艺沙发。④手绘的盘子装点墙面。⑤复古花瓶。⑥一面砖土墙。⑦床幔。⑧柔美窗帘。⑨陶瓷娃娃。

Q：提问
6. 田园风格家居对使用者的生活有何影响？

A：解答
田园风格的朴实是其最受装修者青睐的一个特点，因为在喧哗的城市中，人们真的很想亲近自然，追求朴实的生活，于是田园风格就应运而生。喜欢田园风格的人大部分都是低调的人，懂得生活，懂得生活来之不易。

Q：提问
7. 设计过程中，应该如何保持设计理想与现实之间的平衡？

A：解答
从基础做起，把自己的理念变成现实中的作品，通过多次的作品的设计完成自身的蜕变，找到最佳的平衡点。

Q：提问
8. 田园风格的精神是什么，一般人可以自己打造吗？

A：解答
推崇自然、结合自然，在室内环境中力求表现悠闲、舒畅、自然的田园生活情趣。想要把这种风格的韵味做出来需要一定的专业水平以及一定的经验，比如空间格局的划分、色彩的运用以及软装配饰都需要有很多的精力去做这些工作。

郑州西溪花园A2样板房

设计公司：深圳市太谷设计顾问有限公司
摄影师：张骑麟
面积：69 平方米
主要材料：马赛克、剑麻毯、木地板、清镜、墙纸、黑白照片喷绘

设计说明

如今，人们的生活方式慢慢变得简单，"臃肿"、"繁复"也慢慢淡出新生代的视线。新的生活状态下，设计上功能性与美观性的共存成了我们研究的课题。

于是餐椅被收纳了，茶几像是被一分为二，一半是面，一半是剖开后的内部结构。餐柜的形式也被多样化了，常用的器具就裸露着，不常用的及价值高的就藏在柜门后。空间高度被做大了，照明也不断地被优化，书房甚至可以只是一书柜、一桌、一椅、一杯茶。

同时"美"又不能简单的被忽略，如果功能最大化是必要条件，那么视觉感受则是充分条件。空间的主色调以大面积的白色中和原木色，并以不同明度的蓝色作为点缀色，黑色则是作为划分区域的应用色存在。形式感和色彩的巧妙结合起到了聚焦的作用，黑白马赛克塑成的石膏画像与深蓝色餐椅形成强烈的视觉冲击，也是本案最具代表性的符号。然后以点带面，将蓝色以不同形式、不同明度应用到其他空间，一个美的故事正娓娓道来。

周森

苏州一野设计首席设计师

设计理念：做好每一个细节。

Q：提问
1. 田园风格最大的特色在哪里？

A：解答
自然闲适、带有一定程度的乡间艺术特色。

Q：提问
2. 田园风格在设计上有哪些要注意的？

A：解答
回归自然、不必精雕细琢，充分体现人与自然的完美和谐。

Q：提问
3. 最能体现此种风格的软装是什么，这种产品应该有些什么样的特质？

A：解答
木、织物等天然材料。

Q：提问
4. 国外的田园风格和国内常见的田园风格空间，有什么样的差异？

A：解答
国内多用隔窗、常有一些古朴的图案。

Q：提问
5. 居住空间要形成田园风格，要如何规划？

A：解答
在空间装饰上多采用具有田园质感的元素。

Q：提问
6. 田园风格家居对使用者的生活有何影响？

A：解答
朴实、亲切、实在。

对话设计师

Q：提问

7. 设计过程中，应该如何保持设计理想与现实之间的平衡？

A：解答

多与业主沟通，互相交流想法。

Q：提问

8. 田园风格的精神是什么，一般人可以自己打造吗？

A：解答

质朴、自然是田园风格的重要特征。业主可以根据自己的理解与喜好打造自己的专属空间。

Q：提问

9. 在您的设计职业生涯里，有什么难忘的经历吗，能否分享一下？

A：解答

没有特别难忘的，每个客户都有很多不同的小插曲，唯一的相同点就是我愿意以更多的耐心和热情和客户沟通彼此间的想法，努力让客户满意。

Q：提问

10. 推荐几个您欣赏的设计师和几本优秀的设计类图书吧？为什么是他们而不是其他人呢？

A：解答

梁志天、高文安。因为他们的设计里有自己的东西。

柠檬

设计公司：一野设计
设计师：周森
摄影师：杨森
面积：110 平方米
主要材料：地板、地砖、墙面乳胶漆、墙纸

设计说明

推开门，首先映入眼帘的是一面用色大胆的柠檬黄艺术涂料墙体，墙面上的挂画都是设计师精心为业主挑选的。门口的玄关柜、鞋柜与地面瓷砖、护墙板以及吧台灯饰的颜色很好地融合在了一起，让整个空间协调而不失亮点。布艺的沙发、沙发边的角几、不规则图形的茶几以及茶几上盛放杂物的小竹编篮子等，客厅里的一点一滴都是设计师与业主共同的杰作。书房运用弧形的门洞在入口处做了一个踏步，与其他区域分隔开来，书房内的休闲沙发简单大方。两个卧室简洁大方，墙面贴墙纸，吊顶没有做得很复杂。主卧选择挂在墙上的床头壁灯，节约床头柜台面的空间。儿童房选择蓝色的床和柜子，让整个儿童房充满生机，飘窗偶尔能晒晒太阳，也能很好地利用起来。

北欧迷情

设计公司：一野设计
设计师：周森
摄影师：杨森
面积：140 平方米
主要材料：地板、墙面乳胶漆

设计说明

本案在预算有限的情况下，充分提炼出北欧工业风的精华。大面积深似海洋的蓝色与米色墙面形成鲜明的视觉对比。经过抛光打磨上色后的地板重新焕发生机，使空间几大基础材质相得益彰。恰到好处的软装与配饰起到画龙点睛的作用，为整个空间营造出不落俗套、简约有型的国际风范。

平面布置图

蓝色夏威夷

设计公司：一野设计

设计师：周森

摄影师：杨森

地点：江苏苏州

面积：110 平方米

主要材料：地板、地砖、墙面乳胶漆

设计说明

本案业主比较喜欢清新自然的美式风格，所以在设计表现手法上尽可能的简化硬装语言，简洁富有层次感的吊顶，清爽的涂料颜色和细腻的墙纸，以及拼色的窗帘都恰到好处地提炼出简约美式的精髓，使整个空间清新怡人，自然质朴！简单又不失美观，给这个空间增添了一份时尚感。温馨空间中的那抹蓝，让人心静神宁。

仲夏夜之梦

设计公司：一野设计

设计师：周森

摄影师：黄善忠

面积：140 平方米

主要材料：地板、地砖、墙面乳胶漆

设计说明

推开门，进门处的玄关柜以及挂画就是一大闪光之处，独特而不失品位。整个空间内线条洗练，高级灰色系的墙面、顶面、布艺沙发与深色系的茶几、沙发后背墙面的挂画相得益彰，赋予空间平衡之美。餐厅的木质吊顶与实木桌椅相互映衬。书房简单清爽，虽然没有过多的装饰，但看起来极为舒适。卫生间的墙面和地面都以瓷砖铺贴，简约、沉稳，也与本案设计的核心理念相辉映。

雅致留声

设计公司：一野设计

设计师：仇萍

摄影师：杨森

面积：140 平方米

主要材料：地板、地砖、墙面乳胶漆、墙纸

设计说明

进门处的铁艺镂空隔断，客厅的皮质沙发，沙发上的个性靠枕，角几上复古的留声机，碎花的背景墙……皆极富艺术感。餐厅墙壁上的艺术瓷盘富有特色，墙面与餐桌上的桌布色彩相互映衬，极为协调、美观。主卧和父母房都是朝南的，光线十分充足，儿童房俏皮可爱，给孩子营造出一个温馨的空间。

龚德成

深圳龚德成室内设计事务所设计总监

国家一级注册建造师
高级室内设计师

2015 "照明周刊杯" 中国照明应用设计大

赛（祝融奖）优胜奖
2013获得 "艾特奖" 优秀设计师
2012年作品获中华室内设计网最具人气办
公空间
2011年度国际空间设计 "艾特奖" 最佳住
宅空间设计奖

Q：提问
1. 田园风格最大的特色在哪里？

A：解答
田园是一种生活方式，一种自然、舒适、温馨、返璞归真的生活方式，自然清新，不刻意雕琢是其根本。

Q：提问
2. 田园风格在设计上有哪些要注意的？

A：解答
首先需要突出表现的主题，就是要有设计的亮点，要有一个整体风格的把握。其次，色彩搭配是非常重要的一点，用色不能太单一，这样会使空间过于简素，但颜色又不能过多，多了空间就会凌乱。最后，饰品的选择也很重要，选对饰品可以提升整个空间的品位，也能表现出业主的居家品位。

Q：提问
3. 最能体现田园风格的软装是什么，这种产品应该有些什么样的特质？

A：解答
布艺、花饰在这中风格中能起到关键的作用。图案的选择往往决定了设计的主题，如花鸟的刺绣，手工描绘的鼓凳，都有很明显的田园特征。

Q：提问
4. 国外的田园风格和国内常见的田园风格空间，有什么样的差异？

A：解答
国外田园风格中以地中海风格、托斯卡纳风格等为代表，其风格特点主要体现在流畅的线条、弧形的拱门、流线型的门窗以及凹凸和粗糙质感的墙壁上，色彩以黄色、蓝色为主，铁艺饰品也是其不可或缺的一部分。

中式田园以实木雕花、拼图组合而成，有手工描绘的花草、人物、吉祥图案等，色彩强烈，配搭协调，一般都以木制品为主，讲究对称的美学。另外会增加国画、字画、挂饰画等做墙面装饰，还会选用些盆景做点缀，以求和谐。 中式风格一般都比较稳重，成熟。

对话设计师

Q：提问
5. 居住空间要形成田园风格，要如何规划？

A：解答
空间的布局也很重要，有一个合理的布局才能使生活更自然、更舒适，更能体会到休闲的乐趣。

Q：提问
6. 田园风格家居对使用者的生活有何影响？

A：解答
田园风格家具是理想的休憩场所，住在这样贴近自然的环境中，人会心情放松、精神愉悦。

Q：提问
7. 设计过程中，应该如何保持设计理想与现实之间的平衡？

A：解答
设计来源于生活，但是设计理念要与生活更加贴近，我们的设计是为生活服务的，要让生活更美好、更舒适。

Q：提问
8. 田园风格的精神是什么，一般人可以自己打造吗？

A：解答
田园风格讲求的是一种生活的态度、一种生活的理念，更是一种享受自然的心情。

Q：提问
9. 推荐几个您欣赏的设计师和几本优秀的设计类图书吧，为什么是他们而不是其他人呢？

A：解答
飞利浦·史塔克，他是一位鬼才设计师，其设计不拘一格，风格多样。设计师就应该具备多样的知识，能在不同领域做不同的设计。

深圳市圣莫丽斯样板房

设计师：龚德成

面积：260 平方米

主要材料：进口壁纸、手绘壁纸、玫瑰金不锈钢、硬包、大理石、拼花马赛克、银镜、实木地板、进口花岗岩、仿真花卉

设计说明

生存于钢筋水泥的丛林中，人们越来越渴望质朴、休闲的家居环境。本案在呈现休闲氛围的同时，也想达到一定文化的深度，以感性的手法诠释休闲概念，表现质朴、自然、精致的休闲文化。设计简约而不简单，在关键部位渲染出空间的精彩、简洁、大气、流畅。空间恰到好处地运用手绘壁纸、玫瑰金不锈钢、大理石、拼花马赛克等材料，并在空间中融入了中国传统漆器鼓凳，将中、西元素巧妙融合。

甫一进门，引人入胜的便是一张浅绿带花卉纹样的手工玄关台，配上一幅雕刻版画，简单的组合，成就一幅完美的背景。步入客厅，沙发、角几、油画，对称的布局，庄重大方。角几上花瓶里的绿枝配上黄色的跳舞兰，与镜中的映像相映成趣。电视背景手绘花鸟墙纸，在灯光的映衬下，生气盎然，整个客厅融合在自然的花卉世界里。

家具与硬装细节相映衬，新古典风格的家具典雅大方。红色的仿旧皮箱，成为主卧的床头柜，与古铜的台灯呼应，让人追忆流逝的岁月。主卫生间拼花马赛克，在洁白的大理石作用下，错落的图案，纵深的线条感，彰显空间的趣味性。在这里，植物成了一道亮丽的风景。

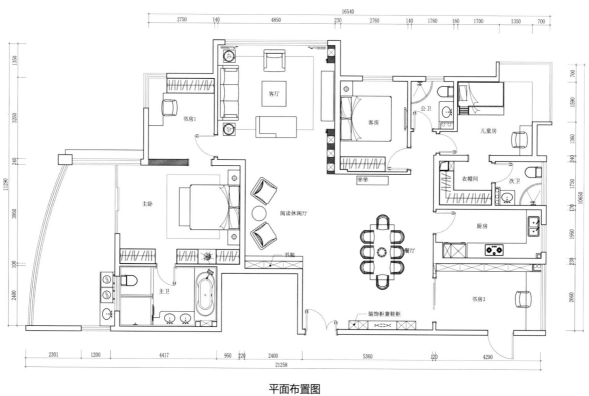

平面布置图

何永明（Tony Ho）

广州道胜装饰设计有限公司

设计项目分布在中国多个重要城市，以现代主义精神与热情为设计注入完美无瑕的风格和创新能量。通过整合建筑、室内设计、视觉图像和室内布置，让每一个新作皆能创造出独特的感官魅力与欢愉的空间气氛。2009年获得素有亚洲室内设计奥斯卡之称的APIDA荣誉大奖。并获得国内多个设计奖项。

Q：提问

1. 田园风格最大的特色在哪里？

A：解答

回归自然，不精雕细刻。由于现代社会快节奏的生活方式、高强度的工作、污染日益严重的城市环境等因素的影响，越来越多的城市人开始对乡村淳朴的生活方式极为向往。于是在回归自然、祈求内心安宁的精神需要的驱动下，越来越钟情于自然、温馨的田园风格家居空间。

Q：提问

2. 田园风格在设计上有哪些要注意的？

A：解答

田园风格是一种大众装修风格，通过装饰装修来表现田园的气息。田园风格在用料崇尚自然，在装饰上多以碎花、花卉图案为主，在色调上多是黄、粉、白等暖调，给人浓郁的温暖温馨之感。

Q：提问

3. 最能体现此种风格的软装是什么，这种产品应该有些什么样的特质？

A：解答

田园风格经常应用的软装是以碎花图案为主的布艺元素，天然石料的现代仿品，以及表面有着粗糙质感的装饰品，它们不光亮，不耀眼，朴实无华。亚麻材质、铁艺灯架、格子花纹布艺灯都是田园风格的最基本元素，它们赋予空间自然的感觉，使室内变得生机勃勃。

Q：提问

4. 国外的田园风格和国内常见的田园风格空间，有什么样的差异？

A：解答

国外以英式田园和美式乡村为主，设计上讲求心灵的自然回归感，给人一种浓郁的田园气息。常将一些精细的后期配饰融入设计风格之中，充分体现设计师和业主所追求的安逸、舒适的生活氛围。大量使用碎花图案的各种布艺和挂饰，欧式家具华丽的轮廓与精美的吊灯相得益彰。墙壁上也并不空寂，壁画和装饰的花瓶都使空间增色不少。鲜花和绿色的植物也是很好的点缀。

国内多以中式田园为主，尽可能选用木、石、藤、竹、织物等天然材料进行装饰。软装饰上常有藤制品、绿色盆栽、瓷器、陶器等摆设。空间设计多以传统文化内涵为设计元素，常用隔窗、屏风来分割空间。家具陈设讲究对称，重视文化意蕴；配饰擅用字画、古玩、卷轴、盆景以及精致的工艺品加以点缀。

对话设计师

Q：提问

9. 推荐几个您欣赏的设计师和几本优秀的设计类图书吧？为什么是他们而不是其他人呢？

A：解答

《设计准则：成为自己的室内设计师》，如何让自己的家变得更具风格、温馨怡人，让你的房屋住起来更舒适、看起来更美观。设计一间梦幻房间最激动人心的时刻就是能够说："这都是我自己设计的！"这一刻，你会感到觉得自己的辛苦得到了回报，内心充满了喜悦。伊莱恩在这本书中，与我们分享了专业设计师在设计每个房间时用到的设计准则、测量方法、协调比例等。这些设计的技巧，值得设计师或业主学习与借鉴。

Q：提问

5. 居住空间要形成田园风格，要如何规划？

A：解答

田园风格倡导"回归自然"，美学上推崇"自然美"，朴实自然才是最重要的！打造田园风格其实可以很简单，特点就是尽可能选用木、石、藤、竹、织物等天然建筑材料装饰居室。无论是天花板上的木横梁、粗糙的器皿和盆栽植物，还是纹理粗犷的石材，都散发着质朴、恬静与清新的气息。

Q：提问

6. 设计过程中，应该如何保持设计理想与现实之间的平衡？

A：解答

设计的价值是通过创造满足客户的需求，它将社会不同的风俗文化、经济、艺术等元素结合起来。装修的整个施工过程，从房屋装修到最后的产品均是出于设计。也许很多客户在没有接触设计师之前不清楚自己想要什么，这就需要设计师去引导，引导他去找到自己想要的东西。

Q：提问

7. 田园风格的精神是什么，一般人可以自己打造吗？

A：解答

它需要的是一种淡泊的情怀，一种平和的心境。任何能够唤起旧时光回忆和想象的物品都能够成为田园风格的饰品。一把生锈的铁铲、一个破旧的皮箱、一只废弃的铁皮桶、一块手工拼缝的被子，或者是一束从郊外路边采摘的野花，都是田园风格最好的装饰品。即便不是设计师，只要心中有田园，也是可以为自己打造专属田园生活的。

Q：提问

8. 在您的设计职业生涯里，有什么难忘的经历吗，能否分享一下？

A：解答

难忘的经历有很多，接触的业主中最让人头痛的是，连业主都不知道自己需要什么风格，喜欢怎样的生活方式。纵观所想，应该尽量按照自己内心所需的生活方式或自己真心喜欢的风格设计，不攀比不跟风。曾经有一客户，一会儿喜欢中式，一会儿喜欢欧式，这是比较麻烦的，会让设计师无所适从。

西雅图样板房

设计公司：广州道胜装饰设计有限公司
设计师：何永明
参与设计：道胜设计团队
摄影师：彭宇宪
面积：58 平方米
主要材料：银河世纪大理石、爵士白大理石、瓷砖、复合木地板、黑色镜面不锈钢、防火板、墙纸

设计说明

本方案以"蒙德里安红黄蓝的直线美"为主题，采用大小不等的红、黄、蓝色块创造出强烈的色彩对比和稳定的平衡感。

墙面由长短不一的水平线垂直线分割成大小不一的原色正方形和长方形，并以粗黑的交叉线将他们分开，在正方形周围用各种长方形穿插，红、黄、蓝三原色与黑、灰、白的对比、排列就像旋律中不断变化着的音符。

家具上运用原木来增加空间的自然与和谐，传达出悠闲自由的生活方式。饰品、挂画、地毯等都细腻地延续着蒙德里安元素，色彩大胆跳跃。在儿童房中，有趣的墙贴和一旁地上的玩具，诠释出儿童开朗活泼的性格。主卧在色彩丰富的墙面和地毯上，用素雅的浅灰色来中和过渡，让丰富的空间同时也能稳重不浮躁。整个空间和谐而有变化，如同一首音节长短起伏，但却拥有独特旋律的歌。

康振强（左）

广州市汉意堂室内装饰有限公司
总经理兼艺术总监
广东省建筑软装饰协会监事
广东省陈设艺术协会常务理事
广东省家具协会国际设计品牌中心
广州执行会长
中国古镇灯饰照明创新设计中心

袁旺娥（右）

广州汉意堂软装公司董事长兼设计总监
海南省女画家协会理事

Q：提问

1. 田园风格最大的特色在哪里？

A：解答

田园风格最大的特点是温馨、浪漫，最明显的特征是小碎花。通过各种方式的排列组合，构建出一个偏女性的乌托邦空间。田园风格是一种回忆，是一种追忆，可以挖掘出很多女性的儿童时期理想，讲述了一个个白马王子与灰姑娘等的想象故事。

Q：提问

2. 田园风格在设计上有哪些要注意的？

A：解答

田园风格是女性的空间，在设计时所有的造型应该尽量采用曲线，直线条造型并不合适，另外在花色的搭配上有一定的要求，做好了就是品位，做不好就会有村姑的感觉，所以对设计师来说把握好雅与俗还是有一定难度的。

Q：提问

3. 最能体现此种风格的软装是什么，这种产品应该有些什么样的特质？

A：解答

最能体现田园风格特征的地方是窗帘、布艺部分，一朵朵小碎花清新地呈现在窗帘上、各种布艺材料上，呈现出年轻态的美感，让我们去遐想，去追忆，很多女孩子都会倾心于此。

Q：提问

4. 国外的田园风格和国内常见的田园风格空间，有什么样的差异？

A：解答

国内的田园风格用得比较多的是韩式田园、英式田园等，因为都是舶来品，很多设计师可能无法分清这几种不同田园风格的区别。之所以叫田园，就是因为它拉近了我们和自然的关系，让我们更容易和自然联系起来。但每一种田园风格的特点，除了表现在因不同地域产生的不同生活方式上外，同时体现在设计中的花色、花型、搭配的各种不同。在国外，有美式田园、英式田园、法式田园、韩式田园，都是小碎花然后加加减减的一些做法，但最后的呈现形式，美式会偏休闲、英式会偏绅士、法式会偏浪漫、韩式会偏温馨。

Q：提问

5. 居住空间要形成田园风格，要如何规划？

A：解答

做好田园风格，对硬装还是有一些要求的，比如拱门、原木、壁纸都是很好的材质，虽然在题材上会比较好把握，但空间的气质还是要根据业主的气质去把握，是偏浪漫、温馨还是绅士，一定要找准。

Q：提问

6. 田园风格家居，对使用者的生活有何影响？

A：解答

田园是一种回归的文化，是一种更亲近大自然的文化，所有这样的空间对使用者来说有很多好的引导，特别是家里有小公主的家庭，做一个田园空间，会让她幸福指数高很多。

对话设计师

7. 设计过程中，应该如何保持设计理想与现实之间的平衡？

A：解答
田园风格中，小碎花是主要利用的设计元素，但在设计者手上，让这朵小花怎样发挥，更大的难题是田园风格背后的生活方式的界定，要找准所偏重的方向，如果一个空间把美式田园、英式田园、法式田园、韩式田园混合在一起了的话，那是一件很头疼的事情。

Q：提问
8. 田园风格的精神是什么，一般人可以自己打造吗？

A：解答
在所有的风格中，田园风格应该算是比较好把握的一种，鼓励业主去自己尝试！

Q：提问
9. 在您的设计职业生涯里，有什么难忘的经历吗，能否分享一下？

A：解答
在青岛，我们设计过一套韩式田园的样板房，回想起来非常有意思，因为我们做的项目周边有大量的韩国人入住，所以，打造这样一套样板房让周围的很多韩国人找到了家乡的感觉，对购房也比较有兴趣。在主卧和客厅的窗帘上，我们不但在窗帘款式上做了一些原创的设计，在挂绳上也做了配色处理，最后呈现的效果还是非常棒的。

Q：提问
10. 推荐几个您欣赏的设计师和几本优秀的设计类图书吧，为什么是他们而不是其他人呢？

A：解答
个人比较喜欢扎哈·哈迪德的作品，她那超前的设计理念，虽然也引起了行业内不少反对的声音，但她的原创精神一直引领着我们去开拓！

绿地中央广场二期D5户型样板房

设计公司：广州市汉意堂室内装饰有限公司
设计师：袁旺娥、康振强

设计说明

时常在梦中与地中海约会，那一望无际的大海，湛蓝得无边无际。浅浅的海岸线边，一起嬉戏，玩耍，日出升平，傍晚落霞，各有其美。如此童话般无忧无虑的惬意，假若把它搬进你的家里，会是怎样一幅景象？

该案设计风格定位为地中海风格，主要针对个性理性又不失情调的企业管理层客户群，此类人群的家庭大多向往自由自在的生活，喜欢航海，梦想环游世界。所以客厅在家具的选择上，设计师运用自己独具的匠心，以白蓝相间的软皮沙发搭配蓝色的抱枕，茶几上的创意饰品，墙面上的地中海色彩挂画代替了电视墙，饰品如雕塑、航海帆船呼应了色彩画的意境，盛开的盆栽绿植又是一道不容忽略的风景。

卧室的地中海意蕴也极为浓郁，尤其是男孩房，为了给小孩创造一个多彩的世界，设计师特地挑选了很多具有地中海风格特色的元素，如五颜六色的创意抱枕，航海系列的挂画，长居海底的海星等。主卧的地中海风情尤为明显，一进门大海和沙滩就吸引了人的眼球，床品以蓝色和白色搭配，色彩丰富的雕花桌旗随意地搭在床尾，给白色的床罩增添了一道亮丽的风景。

地中海的异国风情，休闲又浪漫，对生活在都市中的人们而言，极是向往。该样板间的设计正符合了都市人的情感诉求，令身心能够从繁忙的工作状态中跳脱，回到家中仿佛跳进了蓝色海洋的怀抱，空间的清新与舒适，涤荡一身的疲累。

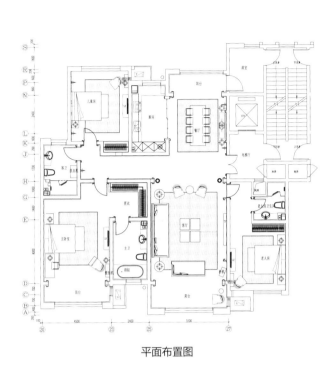

平面布置图

关菲

南京六间堂空间设计有限公司设计总监

设计感悟：

设计揭示了三层含义，即行为和功能，权力和地位，哲学和世界观。因此设计是立体的，多面的，兼具理性和感性，物质和精神的。

好设计是一种平衡，一种诠释，是对生活品质的提升，是对生活需求的沉淀。

Q：提问

1. 田园风格最大的特色在哪里？

A：解答

田园风格最大的特色是贴近自然，向往自然，追求朴实的生活，在风格上倡导"回归自然"，在美学上推崇"自然美"。有法式田园、英式田园、美式田园、北欧田园、中式田园、南亚田园等小类，它们依照各自的地理气候，表达着当地的乡村田园自然风貌。

Q：提问

2. 田园风格在设计上有哪些要注意的？

A：解答

田园风格首先要明确更注重什么，是欧式田园的悠闲，小资，还是东方田园的简朴，淡然。然后结合自己的空间环境，兴趣爱好，选择合适的方向展开。而且田园的质朴并不代表不精致，那种精致是隐藏在朴实表面下的设计。

Q：提问

3. 最能体现此种风格的软装是什么，这种产品应该有些什么样的特质？

A：解答

花卉壁纸、手绘家具、铁艺灯具、棉、麻等天然织物，以及绿色的室内植物等。这些产品大多是怀旧、自然的物品，多以手工制作，原始、质朴、亲切。

Q：提问

4. 国外的田园风格和国内常见的田园风格空间，有什么样的差异？

A：解答

相对来说，国外的田园风格是多意象的营造，国内的则是崇尚道法自然，天然去雕饰。

Q：提问

5. 居住空间要形成田园风格，要如何规划？

A：解答

首先要认可自然、随意、休闲的生活状态，向往"世外桃源"。其次在设计的空间规划上让空间彼此间多穿插、交流、共享；材料运用上尽量选择未加工，或带有手工痕迹的质朴材料；色彩营造上要贴近自然，选择自然界最广泛的色彩。

Q：提问

6. 田园风格家居对使用者的生活有何影响？

A：解答

可以让居住者暂时逃离当下快节奏的社会环境，躲进自己的小天地中随心、随性、自在的生活。在实现自我价值认同的同时，表达着对于自然环境的关心、回归和渴望。让疲惫的身心获得足够的放松、宽慰和鼓励。

对话设计师

Q：提问

7. 设计过程中，应该如何保持设计理想与现实之间的平衡？

A：解答

首先应该明确，设计不是艺术，是科学和艺术的平衡，是现实和理想的交叠，是寻找，是取舍，是选择，是统一。设计师只是辅助客户打造其理想家园的帮手与伙伴。出现问题，肯定有解决的方法，综合各方面因素，选择最合适的方案，协调好效果和功能，美观性和实用性。能将理想转变为现实的设计才是最好的设计。

Q：提问

8. 田园风格的精神是什么，一般人可以自己打造吗？

A：解答

田园风格更多的是对自然的欣赏和向往，对自我的休憩和反思。用中国传统文化来说就是"道法自然"，从外部环境中发现规律，同时结合自己的个性需求，打造属于自己的"世外桃源"。相对来说，广大读者只要用心留意生活是可以自己打造的。

Q：提问

9. 在您的设计职业生涯里，有什么难忘的经历吗，能否分享一下？

A：解答

2010年的时候给一位大学老师做装修，我承诺说装修计划好，也可以很轻松，没有大家想的那么辛苦。设计大概做了三个月，施工做了半年，加上软装挑选，前前后后差不多近一年，最后她很满意，给我推荐了很多客户。今年再见到她时她说，最后能与业主成为朋友的设计师很少，所以你值得推荐。当时听了非常感动，客户对自己专业的认可和信任就是设计师最大的成就和满足。

Q：提问

10. 推荐几个您欣赏的设计师和几本优秀的设计类图书吧，为什么是他们而不是其他人呢？

A：解答

《如何成为室内设计师》（彼得罗夫斯基）、《室内设计营销术》（普林斯顿）、《西方百年室内设计(1850—1950)》（左琰）这三本书很值得一看。

江宁博学苑丹桂园B户型

设计公司：南京六间堂空间设计有限公司
设计师：关菲
摄影师：金啸文
面积：220平方米
主要材料：仿古砖、复合地板、墙纸

设计说明

乡村生活是每个都市人都向往的最终归宿，远离城市的喧嚣，在蓝天白云下享受着绿树鲜花，瓜果茶香，午后时分，倚窗小憩更是分外的闲适惬意。

本案坐落在南京的大学城，方山脚下，得天独厚的人文环境与自然环境让房子的主人明确提出想要乡村风格的居住环境。挑高的客厅，大片玻璃窗使这一想法得到设计师的完全认同。餐厅设计紧靠着敞开的厨房，修过边角的梁变成了拱，高耸的墙面上开了面朝房间的窗，空间不再互相独立，而是相互串联、相互渗透，这就是我们向往的乡村生活，大家彼此交流、沟通、合作，共享空气、阳光、美食和欢笑。浅咖的墙面，围边是褐红色的土黄仿古地砖，再配以黄绿色复古田园墙纸，空间的色彩定格在了秋日的阳光里，温暖的、沉甸甸的收获里。

软装在乡村风格的居住空间中，有着相当的分量，尤其是在现代家居生活里，简单装修已成为绿色生态环保的标志，精致、适度、合理的装饰成了新的宠儿，让空间更为灵活、舒适和放松。原始的顶面，简单包裹的假木梁，半高的墙纸，简单的基础装修，空间风格的营造，剩下的就要靠家具、灯具、布艺、饰品等去诠释了。客厅处，旧木箱做成的茶几，搭配蓝灰色花卉地毯，围合着麻面做旧双单椅，绿色布艺三人主沙发，深色花叶单人沙发和脚踏，彩绘玻璃落地灯也不失为夜晚读书的好去处。入口的丝麻圆毯、挂镜和水绿色瓷鼓凳，给家人以慰藉。拱梁下的双面挂钟提醒了我们在这欢度了多少美好时光，窗下高大的绿色植物，窗台上的盆栽小品，净化了空气，也柔软了双眼。主卧室和卫生间里的木制小鸟灯，带给了我们四季的欢乐。

这就是生活，这就是设计，一个场景，一段人生。

徐鼎强

上海品毅装饰设计咨询有限公司 设计总监

2009年参与组建品毅设计，带领团队做了多个办公、店铺、私宅类项目，也陆续收获了"金堂奖"、"总评榜"、"生态设计奖"等业内奖项，同时也在江苏一所大学授课，希望把一些行业经验和成熟操作方式传授给设计专业的学生。

Q：提问

1. 田园风格最大的特色在哪里？

A：解答

个人觉得田园风格最大的特色就是自然，严格上讲是自然元素。

Q：提问

2. 田园风格在设计上有哪些要注意的？

A：解答

个人观点，严格上讲设计并没有绝对的风格，比如给你一些蓝色和一些黄色的颜料，让你调出你觉得最好看的颜色，每个人调出来的都不一样，每个人原料的投放比例不一样，就像风格，应该说室内设计常见的各种风格，都是融合了很多元素进行组合，最终出现的所谓风格，是融合了设计师、业主（甲方）、房型本身等各种因素的综合体，各种风格道理其实一样，最终以什么风格体现只是取决于哪种元素更多一些。

Q：提问

3. 最能体现田园风格的软装是什么，这种产品应该有些什么样的特质？

A：解答

这类软装没有太多的精雕细琢，没有闪亮的工业制造痕迹，能体现出自然的质感和纹理。

Q：提问

4. 国外的田园风格和国内常见的田园风格空间，有什么样的差异？

A：解答

国内很多设计师为了装饰而"田园"，刻意甚至牵强地使用太多田园风格元素，把一些原本功能简单的位置，比如天花，刻意设计大量的木质装饰。所谓风格，尤其是田园风格，应该以人的使用为核心出发点，不应该过度装饰。

Q：提问

5. 居住空间要形成田园风格，要如何规划？

A：解答

设计一个居住空间，首先应该要考虑房型特点，发现房型的优缺点，再结合客户（甲方）的需求进行功能空间规划，这是设计的核心，其次才是风格上的装饰，尤其是在一些梁柱、管道、转角收口等位置，设计的出发点应该是解决问题，风格也是。

Q：提问

6. 田园风格家居对使用者的生活有何影响？

A：解答

空间设计的使用主体是人，也就是我们常说的以人为本，田园风格本身作为常见风格之一，也取得了很多业主（甲方）的认可。相比之下，田园风格更多自然元素，在当今快节奏的社会中工作生活，回到家可以在一个相对自然、放松、舒适的环境中休息，可以更大程度地提高生活与休闲质量。

对话设计师

Q：提问

7. 设计过程中，应该如何保持设计理想与现实之间的平衡？

A：解答

最重要的就是沟通。设计师跟业主的沟通，跟施工单位的沟通，跟设备外包供应商的沟通。

Q：提问

8. 田园风格的精神是什么，一般人可以自己打造吗？

A：解答

都可以吧，每个人心中关于家都有一个最完美的梦，设计师的任务是用自己的专业知识和经验，让这个梦想成真。

Q：提问

9. 在您的设计职业生涯里，有什么难忘的经历吗，能否分享一下？

A：解答

前段时间去拜访了伦敦的扎哈设计事务所，那张售价27万英镑的餐桌以印象深刻……

Q：提问

10. 推荐几个您欣赏的设计师和几本优秀的设计类图书吧，为什么是他们而不是其他人呢？

A：解答

比较喜欢雅布的作品，也喜欢菲利浦·斯达克和汤姆·迪克森的设计，鬼才设计师给人很多灵感。我前段时间还特地去参加了汤姆·迪克森的一个交流活动，受益匪浅。

李王公馆

设计公司：上海品毅装饰设计咨询有限公司
设计师：徐鼎强
参与设计：王悠中
摄影师：曾江河
面积：380 平方米

设计说明

在接到设计任务之初，设计师就与客户进行了深入的沟通，了解其家庭结构、生活方式、风格定位等方面后，提出了这个打破常规但又功能布局合理的方案。设计把一部分阳台并入厨房，强化家庭成员交流沟通的功能；原建筑餐厅的位置改作儿童活动区，让大人在做饭时也可以同时看护玩乐的小孩子；扩建了主卧衣帽间，使男女主人各自使用独立更衣室……类似这样的改动还有很多，均是为了让整个房子更加符合使用者的需求，最大可能地提升空间的使用效率和使用舒适度，进而提升生活品质。

尚上

南京艺界国际设计事务所设计总监
中国建筑协会室内分会会员
南京家居商会会员

设计理念：崇尚功能和形式的合理性，　强调个性与生活品质的呈现；
　　　　　注重整体与细节的高度统一，追求艺术和空间的完美结合。

Q：提问
1. 田园风格最大的特色在哪里？

A：解答
这样的空间设计不仅能体现主人对高品质生活的向往与追求，更能勾起人们内心对大自然的无限渴望。

Q：提问
2. 田园风格在设计上有哪些要注意的？

A：解答
①设计材料运用上一定要让人感觉轻松愉悦；
②一般要求简洁明快，作为主人的私密空间，主要以功能性、实用性与舒适度为考虑的重点；
③注重开放空间与私密空间的合理区分，重视家庭活动空间的互相交流。

Q：提问
3. 最能体现此种风格的软装是什么，这种产品应该有些什么样的特质？

A：解答
①织物质地（多采用棉、麻等天然制品）；
②家具、饰品（一把休闲椅、一个小圆几，闲时一杯咖啡，放松心情）。

Q：提问
4. 国外的田园风格和国内常见的田园风格空间，有什么样的差异？

A：解答
①国外的田园风格相比国内的更加注重硬装，用材及造型尽可能协调统一；
②国内的田园风格在设计和材料上并没有严格区分的定义，追求的是一种切身的体验，从某个细节体现出那份日出而作落而息的宁静与闲适。

Q：提问
5. 居住空间要形成田园风格，要如何规划？

A：解答
田园风格有很多种，要结合空间特征及业主居住情况作出合理规划。

Q：提问
6. 田园风格家居对使用者的生活有何影响？

A：解答
会让业主有一种安逸、舒适的生活状态，并能体现出业主优雅的姿态和不凡的品位。

对话设计师

Q：提问
7. 设计过程中，应该如何保持设计理想与现实之间的平衡？

A：解答
要根据户型特点合理规划空间。当然一个优秀设计师也一定要坚持自己擅长的风格和手法。

Q：提问
8. 田园风格的精神是什么，一般人可以自己打造吗？

A：解答
遵循以人为本的原则，倡导回归自然美。个人认为一般人自己难以打造。

Q：提问
9. 在您的设计职业生涯里，有什么难忘的经历吗，能否分享一下？

A：解答
我和老公是在大学相识相恋，那时候我们都是班级比较优秀的学生，快毕业时南京装饰联合公司第二设计院来我们学校聘请四名设计师，我俩竟然都被选中，当时别提有多么激动。那时我们就有着共同的梦想，以后一定努力做个真正意义上的优秀设计师。
来南京的前几年我们几乎天天加班，努力学习、工作，得到客户的认可与信赖。2009年成立了自己的设计工作室，到现在都七年了，这些年我们用心换来了一大批完全信任我们的老客户群体，感谢他们一直以来对我们的信任。
在以后的十七年哪怕七十年我们的梦想还是一样的做最优秀最出色的设计，互相学习共同进步，追着我们的梦互相陪伴着一起慢慢变老。

Q：提问
10. 推荐几个您欣赏的设计师和几本优秀的设计类图书吧，为什么是他们而不是其他人呢？

A：解答
优秀设计师如梁志天、高文安，优秀图书有《宴遇东方》。

金信花园

设计公司：南京艺界国际设计事务所
设计师：尚上
摄影师：金啸文
面积：114 平方米
主要材料：木饰面、大理石、仿古地板、镜面

设计说明

设计的重生就是在改变原本空间的不合理之处，以人为核心，以生活方式为主导，用设计的语言
去对接、完善。让空间更加舒适，更有生活态度，让生活中一切美好的点点滴滴都可以呈现在这
个房子里，这就是有生活气息的设计，设计以人为本，从生活中提取更多设计灵感。

菲格拉斯的黎明

项目名称：辉南·大禹城邦 6#101 示范单位
设计公司：PINKI 品伊国际创意 & PINKI DESIGN 美国 IARI 刘卫军设计事务所
设计师：刘卫军
参与设计：梁义、陈春龙
软装设计：PINKI 品伊国际创意 & PINKI DECO 知本家陈设艺术机构
摄影师：文宗博
面积：100 平方米
主要材料：大理石、文化石、木饰面

设计说明

　　"大禹城邦"是大禹公司继"威尼斯花园"之后的又一力作，定位为辉南首个ART DECO风情社区。在总体规划上集精品住宅与特色商业风情街于一体，并在国内首次提出了美学地产原创概念体系。美学地产主要内涵有三：一是代表更高形态的居住文化，满足人们日益增长的精神文化需求；二是代表现代人居的生活理念，满足人们享受和创造美的生活理想；三是代表地产行业的发展方向，引领整个地产行业未来的发展趋势，体现出形式美、空间美、意境美、人文美。

　　萨尔瓦多·达利之戒，唤醒了想象力盛放之城——菲格拉斯。风起云涌的是文森特·梵高呐喊的灵魂，明朗的海天辉映和恬静的山野村庄才是他对生活的渴望。达利之戒解了土壤的禁咒，蘑菇得以从麦穗中生长，蓝天和沙滩幻化成魔毯，托着三五个沙发茶几，托着一个慵懒的梦。

　　太阳在向日葵的花蕊中睡眼惺忪，所有的花儿都撑起懒腰，菠萝也从帐篷中探出了头，除了耷拉在沙发上赖床的女人的披肩和睡觉不老实而滚落在地上的抱枕。女人去厨房煮早餐，昨夜读了一半的书懒散地趴在沙发上，想念着西洋咖啡。书桌上贪睡的闹钟让黑色的马、鹿错过了赶回孩子的笔记里的时间，定格在那里。男人起床了，太阳开始上班了。

　　基于ART DECO的装饰特征，用生活情景化的视角构建超现实主义艺术美学。

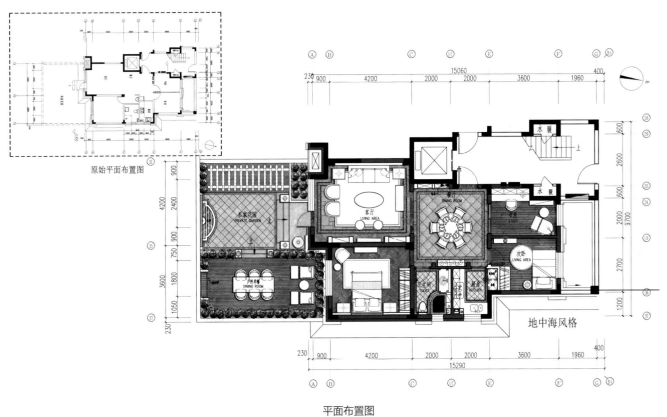

原始平面布置图

平面布置图

地中海风格

克里特的夏天

项目名称：长春·中海净月华庭示范单位
设计公司：PINKI 品伊国际创意 & PINKI DESIGN 美国 IARI 刘卫军设计事务所
设计师：刘卫军
参与设计：梁义、张罗贵
软装设计：PINKI 品伊国际创意 & PINKI DECO 知本家陈设艺术机构
摄影师：文宗博
面积：100 平方米
主要材料：瓷砖、墙纸、乳胶漆、大理石

设计说明

12载本土钻研，中海地产深谙这片珍贵土地的内涵，2014年，再回净月，将一种全新的生活方式带入这个城市，在街区生活中融合国际化、居住、休闲、娱乐、商务等元素，以一种繁华大城下的街区生活，为长春带来前所未有的生活模式。中海净月华庭，这是一座应有尽有的生活城，一种真正以人为本的城市生活居住方式。外围大城核心CBD繁华资源，生活、教育、娱乐、交通、医疗配套丰盈；内拥长春首座全能六大生活街区——商街区、娱街区、动街区、童街区、绿街区、萌街区，随心享受。悠闲、随性、活力、友善，长春人将在这里自得其乐，尽享与众不同的优渥生活。

"生活美学"认定"审美即生活"，当代艺术走向"艺术即经验"。随着当代"审美泛化"——"生活审美化"与"艺术生活化"——愈演愈烈，我们亟须回归"生活世界"来重构一种"活生生"的当代美学和艺术论。西方人的审美善用理性思维和逻辑，而我们的审美更倾向于顺其自然和情感。思维逻辑可以让我们把生活安排得有条不紊，至少看上去就像是自己的生活一样，一切都那么合理而平衡，我们由此而获得一种确定感。再让我们从历史和美学的角度来看，从农业时代到工业时代，人的生产力提高了，但是人被产品驱动了，人性被剥夺了。农业时代的人们可以主宰自己，可以沉醉于琴棋书画。随着收入和福利的提高，跨国工业时代的人们需要更高层次的需求，回归本性。未来是从工厂时代到工匠时代的回归，非机械化批量生产的定制就是工匠最大的特点。空间设计也同样如此，本案中我们借以非对称的均衡设计语言来表达一种非确定性、弱规则感的自然审美主张，倡导一种更随性更具亲和力的自然生活美学。克里特的夏日之旅，打包你的行李，跟我们来一次阳光下的沙滩之旅吧。

凤凰水城洋房样板间

设计公司：沈阳一然设计
设计师：杨星滨
摄影师：盛鹏
地点：辽宁沈阳
面积：158 平方米
主要材料：实木墙板、西班牙米黄大理石、羊毛纤维壁纸

设计说明

整个空间的家具都是设计师根据业主的生活方式与生活细节定制而成的，细节的统一使整个空间更有整体感，达到软装全面定制与硬装的无缝对接。法式浪漫风，高贵典雅，白色的淡雅搭配布艺的纯美。白色实木墙板与米黄大理石的巧妙结合，在追求浪漫的同时，不失品质感。空间在布局上突出轴线的对称，气势恢宏，同时体现居住空间的舒适。在设计细节上，追求的则是心灵的自然回归感。

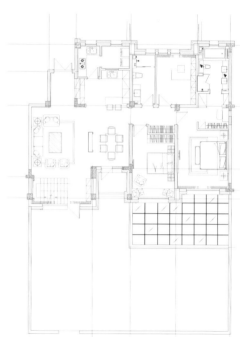

平面布置图

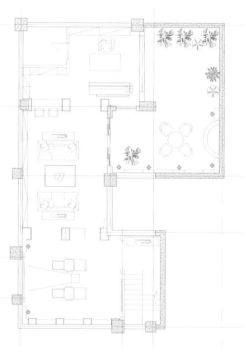

平面布置图

惠州现代城36A样板房

设计公司：深圳市帝凯室内设计有限公司

设计师：徐树仁

参与设计：庄祥高、李进念

地点：广东惠州

面积：75平方米

主要材料：实木地板拼花、山纹橡木饰面、新西米大理石、土耳其灰大理石马赛克、仿古砖、墙纸

设计说明

该项目设计的独特之处在于能打造既能体现舒适感和惊喜感又具有整体效果的空间。那些看似随意的选装饰品使你每次走进这空间，都能有一种全新的体验。客厅一侧的墙上悬挂有一幅大型的画艺，画面隐隐出现的红色与空间整体的色调相呼应。多层次感的墙面设计就如同舞者一般在空间内自由起舞，富有线条感的壁炉极为惹眼，设计师通过在壁炉上放置富有艺术感的饰品，使这个区域充满了个性，由此一个洋溢着温馨感和舒适感的空间便诞生了。

惠州中洲·湾上花园别墅

设计公司：KSL设计事务所
设计师：林冠成
地点：广东惠州
面积：805平方米
主要材料：黑檀木纹、花鸟墙纸、夹丝玻璃、墙纸板、古铜、皮革

设计说明

本案在空间布局上打破常规，将天花、墙面、陈设等设计融为一体，使整个别墅室内设计呈现出一种兼具机能性与艺术性的独特美感。精炼的复古墙饰搭配雅致的花鸟墙纸，富有质感的华丽材质与比重均衡的色彩营造出丰富的空间层次感。在璀璨吊灯的辉映下，奢华和舒适高度融合，高雅欧式的尊贵气质和卓尔不群的气度不彰自显。

大格局的客厅气韵丰盈，典雅奢华。不同材质的丰富色泽与华美高贵的配饰，打造出一个极富美学内涵又不失舒适感的高端住宅空间。主人房柔美的雕花曲线佐以温软舒适的床品，去除繁复雕饰的墙面搭配华丽典雅的吊灯，灵动的浪漫情怀自然弥漫。主人房与卫浴间相互连通，材质的精粹赋予空间纯粹的美感。父母房素净的色调与简洁明快的线条，契合了父母房祥和安静的居所诉求，相对稳健但又不失时尚。书房的设计散发着浓郁的人文质感，经典的家具造型、优雅精致的配饰，匠心独运的细节中流露着低调尊贵的气息。负一层，客厅内尊贵的欧式生活格调弥漫于奢华皮革家具、富有艺术气息的摆设与精致考究的配饰之中，让人回味无穷；休闲区，地面富丽卡及法国木纹的凛冽温度与恰到好处的灯光设计相协调，墙饰与整体的风格保持一致，挂画丰富了空间表情。整个空间布局紧凑合理，宽敞灵动。

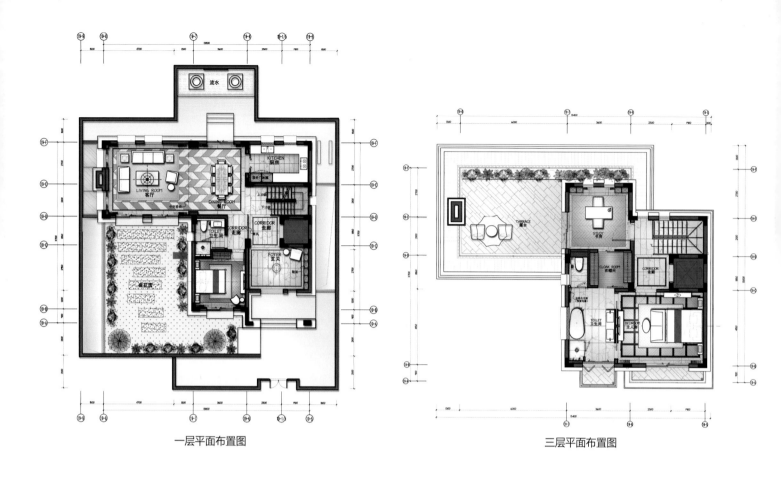

一层平面布置图

三层平面布置图

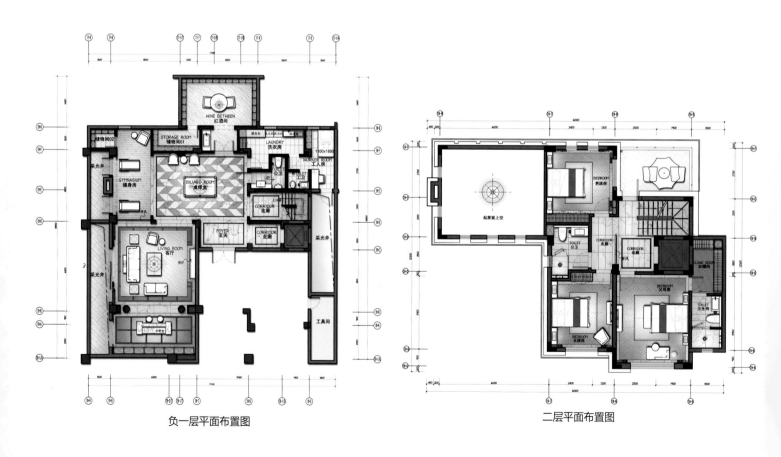

负一层平面布置图

二层平面布置图

166

招商双孩房

设计公司：深圳尚邦室内设计公司
面积：125 平方米

设计说明

尚邦设计运用轻装修重装饰的手法，在儿童为主角的居室内以丰富的色彩作为设计开端，让每个空间区域都具有满满的活力与鲜活的生命力。童话式意境的家具少而精，多功能、组合式家具的运用，既合理巧妙地利用室内空间，又尽量靠墙壁摆放，扩大活动空间。

让儿童在自己的小天地里自由地学习生活。书桌安排在光线充足的地方，床离开窗户。爆棚的玩具是每个有孩子家庭的通性，更何况是拥有两个小宝贝的家庭，在这套样板房中，还原了真实的儿童房。

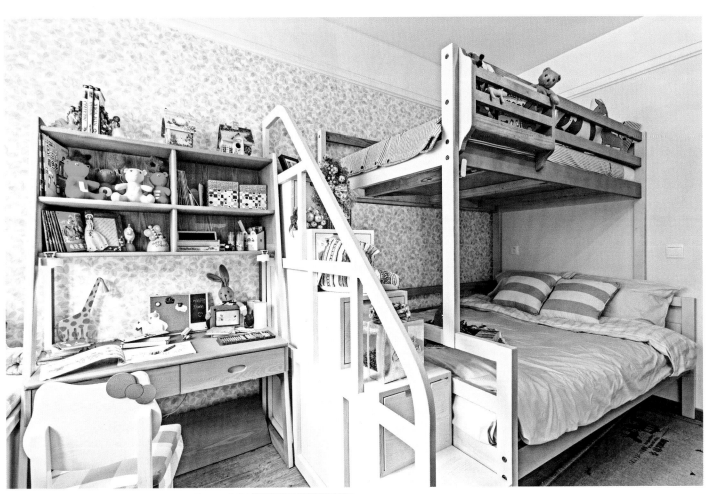

平面布置图

花季假期

设计公司：孔·室内设计工作室
面积：150 平方米
主要材料：仿古砖、护墙板、文化石、有色乳胶漆、墙纸、美式家具

设计说明

本案为二手房改造，业主一家三口，事业小有成就，女儿初落花季，希望在忙碌的工作之余，为小公主营造一个甜美精致的美式度假风格小屋。空间以青绿色为主，把旧房中囤积在室内的污浊气一扫而尽，即便是那些怀旧的美式家具也能焕发出勃勃生机，这就是绿色的魔力吧！所有草绿色的立面墙壁把屋内空气的新鲜度提升八度，加高的护墙板和斜面的屋顶处理，拉高了空间的层高，让人仿佛置身于异国他乡的林间小木屋。青柠色的碎花窗帘一扫整个夏季的燥热，搭配上轻薄的白纱，整个屋子酸爽得挤出汁来了，处处都是新绿的枝芽和鲜嫩的花朵，看不到一丝陈旧的灰土。空气中不仅有阳光的温度，家的温馨，假日的欢愉，还流淌着丝丝的初夏清凉，一切都刚刚好……

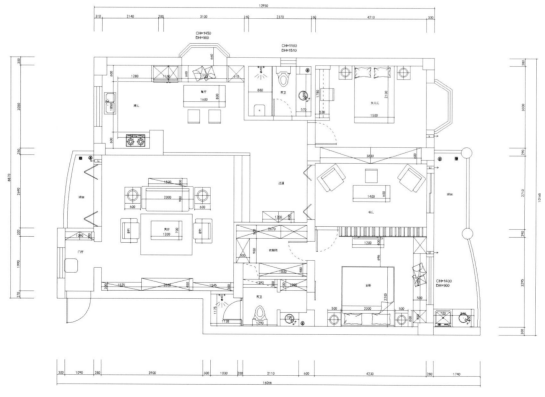

平面布置图

光阴的故事

设计师：贾峰云

软装设计：贾峰云原创设计中心 & V8 陈设设计工作室

面积：400 平方米

主要材料：意大利蜜蜂 IMOLA 瓷砖、科勒 KOHLER 卫浴、Jianbo Home 剑波家私、CASA PAGODA 家具及饰品、De RUCCI 慕思寝具、泰斯特灰泥、美尔凯特品顶、诗洛饰布、人上人皮革、欧雅布艺鑫亚纶窗饰

设计说明

"家不是一个设计空间，甚至不是一个设计作品，家一定是因为有了爱，才称之为家。花再多资金去装修一个房子，如果没了爱，就不叫家。"爱家的人会从每一个细节去找寻专属于自己和家人的元素。哪怕历尽艰辛，千百次的寻觅，也宁缺毋滥。在这个观点上设计师和业主不谋而合。漂白掉刻意设计的影子，还生活本来的味道，或许这是设计的至高境界。美是一种生活态度，让细节来讲述对生活的热爱。为了装饰这个家，业主和设计师花费了近两年的时间到全国各地找寻每一个和这个家有缘的物件。想要什么样的家，标准很难说得出来。感觉对了才行，而感觉，却只能意会。

一楼会客区的大部分家具，来自上海泰康路上的 CASA PAGODA。漂白做旧的牛皮沙发来自意大利，坐上去给人很坚实的感觉。手工雕刻的原木装饰镜仿佛能映射出古代美丽的爱情故事。一旁的橡木酒桶由于常年藏酒的缘故，一打开便会飘出醉人的酒香。沙发背后的白色纹样矮柜来自法国，上方墙面挂着的米开朗琪罗半脸雕塑出自施华洛世奇（Swarovski），镶嵌在胡须与头发上的精美小水晶闪闪发光。矮柜上的饰品也是精挑细选出来的，贴镜面烛台来自印度，正面临停产，也算是稀有物品了。家里大部分物件都是国内很难找到同款的，就连地面的意大利进口蜜蜂瓷砖也是已经停产的非洲系列。

二楼的客餐厅大部分家具来自Harbor House，直接的深浅对比，衬托出生活的简单。从软装店淘来的绿色做旧挂钟，在白墙上格外显眼，光阴的故事在这一时刻被计入历史。墙上飞鸟雕塑象征着一家三口，周末坐在吊椅上，充分享受阳光下的惬意。三款精致的餐椅，搭配着挂毯，活跃了就餐的氛围，再配上铁艺水晶吊灯，虽然有些另类，但更有风味。

次卧墙面做了墨绿色仿古处理。泡壶茶，捧本好书，听梁上驼铃叮当，让思绪自由飞向未来奇幻世界。

书房的家具来自西班牙，原木做旧的工艺，敦实的老木头书柜，瞬间凝结净化了空气。

主人房宽大舒适，花鸟壁布墙算是给 Harbor House 牛皮大床做配景，黑白条纹台灯是荷兰的品牌，优雅中透出个性。边上的休闲沙发椅和床品床垫均出自慕思，皮料颜色是我们和厂家定制的。抱枕也是精心淘来的。浅棕色披毯是竹纤维材质，柔软透气。

孩子房用了整墙被叼着烟斗的大鲸鱼拉在空中的海盗船壁画铺贴，吊灯和小沙发上方的挂画分别来自不同的品牌，但都和壁画的题材呼应。水管接起来的 LED 台灯富有趣味性，像个小机器人守卫。床和书桌来自七彩人生，粉色小沙发来自Harbor House。

卫生间瓷砖来自意大利蜜蜂的孔雀系列，幽蓝的色泽非常漂亮。那个充满个性的梯形毛巾架来自可立特。客房简约温馨，家具是舒曼的。白色做旧台灯则来自印度，有种宁静之美。

在业主眼里，拥有这个家便拥有了整个世界！

静美欢颜

设计公司：孔·室内设计工作室

面积：200 平方米

主要材料：有色乳胶漆、新古典家具、户外木、软木板、家居款装饰品

设计说明

本案为二手房旧房改造，是业主的婚房。男女主人都是年轻的大学老师，在大学共同学习，相识相恋，如今携手生活工作。

关于这个家，我们设计的初衷是一楼安静素雅，二楼活泼童趣，厨房、卫生间保持不动。在此基础上添置男主人的影音室区域，女主人的衣帽间区域，以及共同的书房区域，还有未来2个小孩的玩耍娱乐区域。完善功能的同时，空间配色的灵感来自异国海洋的夏日阳光，黄与蓝的碰撞，通过轻薄柔软的白纱帘倾注进家里。那一抹亮黄，热力席卷了整个空间，宛如一位少女置身欢乐的派对，尽情诠释婚姻与爱情的甜蜜……好一番说不出的动人！

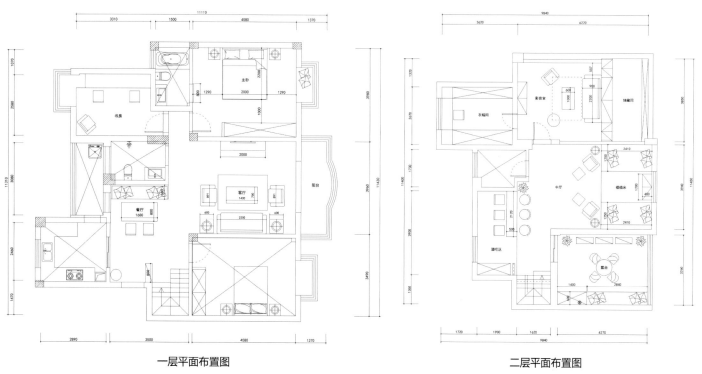

一层平面布置图 二层平面布置图

沐阳

设计师：连君曼 (www.tofree.com.cn)
摄影师：周跃东
施工：明月楼装饰制造工作室

设计说明

该项目为上下两套江景房打通而成的复式楼，上下两层户型相同，为了减少寡料面积，提高空间使用率，设计师把楼梯安排到原户型客厅的阳台上。原户型最大的问题是因套房定位导致先天气势不足，通过设计师改造后的空间视觉效果与实有面积尺度感匹配。

融侨锦江

设计公司：孔·室内设计工作室
面积：110 平方米
主要材料：仿古砖、水性漆、墙纸、现场制作木质工程、美式家具

设计说明

本案为年轻的三口之家，有一个刚刚 2 岁的小公主，整个设计以满足小公主的成长需要为主，所以设计师将薄荷绿定义为家居的主色调。在这个万物生长的季节，让小公主在家里也能感受到阵阵春意。清新自然的薄荷色，一直以来都是人们钟爱的季节流行色，特别适合在春夏使用，它就像一阵风，吹拂你明媚的脸庞，也吹进你的心头上，暖暖的，凉凉的。

清新的风格可以是多彩的，加入一两种亮色点缀，强化吸睛效果，使色彩瞬间成为整个空间的主角。在轻盈欢快的氛围中，把春天的气息留在屋里，让你一见钟情。

图标	说明	图标	说明	图标	说明	图标	说明	图标	说明	图标	说明
	煤气表		强电箱		弱电箱		水表		可视电话		地漏
	空调墙孔		暖气片		主排污立管		便器管口		主进水口		排水口

浪漫满屋

设计公司：TY34 精品设计中心

设计师：庄光科、颜阳

摄影师：金啸文

地点：江苏镇江

面积：400 平方米

主要材料：仿古地砖、橡木地板、绒面软包、木雕花、爵士白石材、壁纸、贝壳马赛克

设计说明

本案设计以美式风格为基调，但摒弃了美式粗犷、质朴的表现方式，追求更为仔细、精致的展现手法，并且在空间中融入了部分田园元素，营造一种浪漫满屋的家居风格。

原先的建筑空间功能布局齐全，采光充足，设计保留了原先的空间布局，但在细节中做了一些细节的调整。客厅的设计尽可能地保留了原顶的高度，整个顶面用亚光白的木饰面制作，在顶侧的处理上，用软饰避免大面积的留白。墙面采用一道白色的实木腰线来区分下部的花色壁纸和上部的素色壁纸，既增加了空间层次感，又减弱各种高低不平的落地铝窗、实木门套以及加高造型门套之间整体的错落感。房间的设计使用大面积的木饰面制作了很多层次和叠级造型配合壁纸的应用，用来体现美式的风格和温馨的质感。

金石 · 香墅岭二期

设计公司：北京王凤波装饰设计机构
设计师：范文涛
施工单位：北京王凤波装饰设计机构
摄影师：方立明
面积：130 平方米

设计说明

在这套LOFT住宅样板间中，设计师采用了简约的风格作为空间的主导风格。优雅的视觉感受，向参观者展现了未来美好生活的场景。而简约的塑造手法，又赢得了年轻消费者的一致青睐。

在LOFT样板间的一层，最重要的空间肯定是带有大挑空的客厅区域。浅蓝色的墙面让空间显得舒适而宁静，更在视觉上起到了"扩张"空间的作用。空间中的所有家具饰品，都是设计师精心挑选的。深褐色的家具，让空间显得沉稳而大气。

餐厅和开放式的厨房，也是样板间重要的组成部分。由于层高的关系，设计师在餐厅区域只做了简单的顶部造型，利用家具来进行空间区分。而在面积有限的厨房中，设计师把橱柜做成"U"字形，并把洗衣机位预留在厨房中。

一层的次卧，设计师将其定义为老人房或客房。为了配合空间的功能性，设计师在整个房间使用浅色调的基础上，利用深色家具来满足老人或客人的使用需求。别致的飘窗是这个房间的亮点，设计师把飘窗改造成了一个小小的休闲区域。

一层的卫生间面积比较小，设计师把洗手台、坐便器和淋浴房的位置做了巧妙安排，互不影响又可以借用面积。而在卫生间的墙壁上使用壁纸，则是设计师充分考虑到样板间的展示作用而安排的。

在整个LOFT样板间的二层空间里，主卧的面积是最大的。设计师利用原户型，把主卧、衣帽间和书房设计成一个整体，成为业主夫妇的专属区域。在主卧中，同样使用了深褐色的家具，但由于墙面和床头颜色的鲜明对比，使整个空间充满了温馨和舒适的感觉。

二层的主卫与一楼的客卫有同样的问题，面积有限且狭长。设计师利用墙壁材质，把主卫分为两个部分，在干湿分区的基础上，也让空间显得更加宽敞。斜放的浴缸不仅增添了空间的变化，也化解了空间狭小的尴尬。

在二层儿童房的设计中，设计师大胆采用了一款满是数字的壁纸。由于家具和配饰搭配得当，这款壁纸不仅没有让空间显得杂乱无章，反而起到了很好的装饰作用。

奥伦达部落红酒庄园

设计公司：北京王凤波装饰设计机构
设计师：孟冬
摄影师：方立明
面积：1 000 平方米

设计说明

本案为北京奥伦达部落红酒庄园的接待中心，原建筑是一栋坐落于坡地上的"前二后三"的独栋别墅，整体面积1 000多平方米。整个接待中心既有售楼处的性质，也兼具一定的会所功能。

为了配合项目的整体定位，设计师把接待中心的风格定位于美式乡村风格，在局部空间混搭以传统英式风格。接待中心的整体视觉感受，定位于"粗犷中呈现细腻、不经意间流露品质"的大感觉上。在整体色彩上，设计师大量使用自然色和木本色来妆点空间。在局部造型、家具及配饰品的材质上，设计师特意选择了带有做旧处理的材质，增强了整个接待中心的岁月感和品质感。

走进二层的洽谈中心主入口，设计师对门厅的布置做了精心安排：一面是以展示项目整体文化的照片墙，另一面是装饰感很强的等候区，地面上的拼花造型增强了门厅区域的"仪式感"。通过门厅进入二层大厅，挑高超过14米的大会客厅给了设计师很大的发挥空间。这里是整个接待中心的最重要的区域，设计师以壁炉为设计核心，安排了会客区沙发的摆放方式。除了中央会客区之外，接待中心的二层还设有三个小型的VIP洽谈室和一个小型的水吧，方便销售接待到访客户，也大大增强了洽谈的私密性。

设计师在三层设置了两个小型的俱乐部套间。根据项目定位，两个俱乐部的室内设计，分别以飞行与红酒为主题。在飞行俱乐部的套间中，设计师利用独特色彩的护墙板，来强调美式乡村风格，并给空间带来了不同的视觉感受。红酒主题俱乐部与飞行主题俱乐部相比，空间整体感觉更加沉稳和静谧。同样以护墙板为墙壁主要装饰，但由于整体色调的变化，使空间呈现出更加浓厚的度假氛围。

楼梯在整个接待中心中，既是重要的垂直通道也是视觉焦点。设计师采用木饰面把整个楼梯装饰起来，成为空间中浓墨重彩的一道风景线。

值得一提的是，设计师在整个接待中心的室内环境中，使用了传统美式乡村别墅的梁架结构。这种独特的装饰手法，既强调了项目的定位和档次，又充分体现了户型的优势，受到了甲方的一致好评。

东亚·五环国际

设计公司：北京王凤波装饰设计机构
设计师：孟冬、顾经纬
摄影师：方立明
面积：90 平方米

设计说明

在客厅中，设计师使用了特制颜色的木质护墙板，让空间显得更加宽敞的同时，提升了空间的亮度和舒适感，并与视听背景墙形成对比。

在主卧室中，原户型相邻的两个墙面上均有窗户，床的位置就成了一个不大不小的难题。设计师在床头做了一个屏风造型：夜晚的时候关闭，就是空间中的一个墙面；白天的时候开启，让整个空间尽享更好的光照和通风。

另一个卧室的面积稍小，设计师在这个房间里没有安排更多的家具，在满足功能性需求的同时，让空间显得更加宽敞、明亮。

卫生间的风格也以简约现代为主，空间整体感觉既功能全面又不拥挤，浅色天然大理石在视觉上，起到了"扩大"空间的作用。

厨房的墙砖、地砖与橱柜的色彩搭配适宜，给人清新、干净的感觉。严格按照"厨房动线三角形"进行设计，使面积不算很大的厨房得到了充分的利用。

特雷斯菲盖拉斯住宅

设计公司：Steyer 设计师事务所
设计师：Henrique Steyer
摄影师：Eduardo Liotti

设计说明

该项目位于巴西阿雷格里港，始建于 20 世纪 70 年代。住宅室外空间由 Steyer 设计师事务所的设计师的 Henrique Steyer 主导设计。

设计师将古典与现代元素结合，生动地展现了业主的难忘经历——属于一对久居国外的夫妇的珍贵回忆。但同时，设计师并没有一味迎合这对长期旅居国外的夫妇特有的一种世界公民的个性，而是通过重新组合家具设计，并加入一些新的元素，展现出了空间独特的风格。

Mews 04住宅

设计公司：Andy Martin 建筑师事务所

设计说明

本案是由 Andy Martin 建筑师事务所倾力打造。设计师在这间邻近伦敦海德公园的古典住宅空间中融入现代设计。从外部看，整个住宅似乎是一座紧邻着花园的小剧院，住宅共有五间卧室和一间私人活动室。滑动式的楼梯将住宅分为上下两层，自然光线可以从房顶直接射入房子中心。进入住宅，首先映入眼帘的是别具一格的大门，弧线形的玻璃门设计，不仅给空间带来了美感，也使得室内拥有充足的自然光线。住宅室内随处可见各种艺术装饰品，设计简约而富有情调。在选材上，楼梯、地板、门等采用橡木材质，或染色或刷漆，极为平实清新。

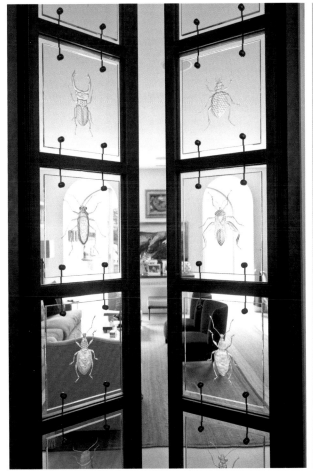

Terrace2

设计公司：Galeazzo 设计事务所
地点：巴西圣保罗

设计说明

这个 88 平方米的空间色彩缤纷，设计师以现代化的方式将东西方文化融于一体，并以一种大胆的方式——墙壁和屋顶分段设色，最大限度地打破了空间之间的界限，也具有彩色折纸一般的视觉效果。

在"东方区域"中，竹椅、漆器、硬木还有那奢侈的印有金龙的墙纸流淌着浓浓的东方韵味。"西方区域"的设计元素也很丰富，有法国传统品牌圣路易斯的水晶吊灯，20 世纪 50 年代赛尔格·穆伊勒式壁灯、圆形货架，还有粗糙的亚麻沙发和充满异域风情的大理石壁炉。

四川眉山凯旋国际广场C3户型样板间

设计公司：深圳创域设计有限公司 / 殷艳明设计顾问有限公司

面积：97 平方米

主要材料：石材、砖、墙纸、木地板、灰茶不锈钢、木施面、皮革

设计说明

忙碌的都市生活，让我们更钟情于安静、祥和、明朗、舒适的家，希望能消除工作的疲惫，忘却都市的喧闹。

在本套样板间中设计师试图在空间上给居住者营造一种生活和记忆的氛围，以木色和米黄色为主色调，以深色为点缀。优雅简洁的线条比例，相互映衬的黑白两色的大理石地面，再加上和谐统一的家具、软饰，使得整个空间时尚简约但又不失奢华。在细节的处理和局部的刻画上，设计师也精心雕琢，让居家更舒心、更温馨，这也是"以人为本"设计理念的具体表现。

甫入空间，放眼望去客厅中央淡黄的灯光倾泻而下，其古典韵味的造型，璀璨的灯光让吊灯成了空间中的亮点。白色的纱质窗帘在微风的荡漾下飘逸，宛如流动的色彩，装点生活的每个细节。米黄色的布艺沙发与白色茶几交相辉映，彰显气质和视觉的美感，给人眼前一亮的感觉。背景墙上，陶瓷搭配铁艺的挂件，生命律动的韵味与无穷的诗意弥漫空间。木色与银白色搭配的餐椅在素净中透露出稳重，锃亮的餐桌为餐厅带来了一抹亮丽，平衡了木色与银白色搭配带来的沉重感。餐桌中间的蜡烛营造出浪漫的气氛，搭配上淡黄色的背景墙，洋溢出温馨的气息。大面积的色块对比、材质的碰撞、造型的变化丰富了空间的表现形式。

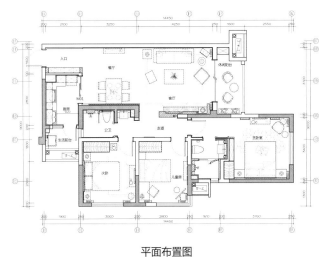

平面布置图

主卧以简约风格打造，基于传统的简约装饰手法，融合现代创作元素，以简单的材质、配饰和形体组合，提炼出经典精华，又不失奢华。诗是有声的画，画是无声的诗，墙面上的山水写意油画将有限表现为无限，百里之势浓缩于咫尺之间。灰茶钢的线条让空间收放自如，营造一种宁静祥和的氛围。

次卧首先映入眼帘的是背景墙上的不规则装饰挂镜，线条简约流畅，匠心独具的设计体现时尚与未来的一面。

儿童房色调以柠檬黄、新绿为主，整个空间弥漫着明快、轻松的气息，让朝气蓬勃又活泼好动的小朋友在这个充满想象的空间里自由舒展身心，快乐成长。

在户型的整体优化上，设计采用了许多储藏区和活动区，更好的体现实用性和合理性。这种设计理念立足于传统写意的色调，但又大胆地利用了灯光、不锈钢材质等的融合贯通，华丽与国际时尚巧妙结合，强化了空间意境。

大东城一期B1户型样板房

设计公司：深圳市尚邦装饰设计工程有限公司
设计师：潘旭强
地点：广东深圳

设计说明

客厅新绿色的大面积使用，使清新的气息扑面而来。书房内，律动的条纹壁纸与红色的高脚台灯相呼应，使原本沉闷的书房变得更加活跃而且协调。墙面层架的使用，不仅强化了展示和收纳的功能，而且丰富了空间表情。主卧室延续了客厅的风格，清新自然，而玫瑰色的点缀、床头流线型台灯的使用又使空间多了一些跳跃感与灵动感。值得一提的是童话式的儿童房，绿树图案的床单、彩色的墙面以及床头的蘑菇灯饰，让人仿佛走进了童话故事里。

深圳大东城一期样板房

设计公司：深圳市尚邦装饰设计工程有限公司
面积：127 平方米

设计说明

在设计主题上，设计师将海洋元素应用到家居空间中，给人自然浪漫的感觉。在造型上，广泛运用拱门与半拱门，给人延伸般的透视感。在家具选配上，通过擦漆做旧的处理方式，搭配贝壳、鹅卵石等，表现出自然清新的生活氛围。在色彩上，以蓝色、白色、黄色为主色调，看起来明亮悦目。在材质上，选用自然的原木、天然的石材等，用来营造朴实自然的家居氛围。

本案地中海风格的家具在选色上，直逼自然的柔和。在组合设计上注意空间搭配，充分利用每一寸空间，且既不显局促，又不失大气，解放了开放式自由空间。家具设计集装饰与应用于一体，在柜门等组合搭配上避免琐碎，显得大方、自然，让人时时感受到地中海风格家具散发出的古老尊贵的田园气息和文化品位。空间中罗马柱般的装饰线简洁明快，流露出古老的气息。

唯美浪漫情怀

软装设计：深圳壹叁壹叁装饰有限公司
设计师：温旭武
地点：广东惠州
面积：126 平方米

设计说明

本案通过一系列极富欧洲风情的装饰元素，倾力营造一种典雅、自然的气质。打造闲适、浪漫的情调是本案的中心主题。

运用欧洲元素的软装配饰，如家具、印花地毯、薄纱窗帘等营造了一种古朴的欧洲风情，与现代简约完美配合，一气呵成。设计既体现了现代生活所需的简约和实用，又兼具传统欧式风格，富有朝气、韵味十足。

平面布置图

苏州海亮F8别墅

设计公司：米兰尼软装设计
设计师：欧阳王婷

设计说明

海亮长桥府位于老姑苏中轴之上，地理位置优越，周围配套设施较齐全。小区内部随处可见郁郁葱葱，绿化率较高，再加上小径、喷泉等景观小品的设置，使居住环境极为舒适。

本案为花园洋房户型，上下两层，空间通透，采光充足，先天条件占据极大的优势。设计师充分利用先天优势于客厅处设置一面大幅落地玻璃窗，既强化了空间采光，模糊室内外的界限，又将室外景观引入室内，让人尽管身处室内，但依旧满目新绿，心旷神怡。在空间配色和家具选配上也是匠心独具，湖蓝色的大量运用，铺陈出满室的清新，让人有与大自然互动之感，也让人平添了几分平和。再加上欧式茶几、沙发、壁炉的使用又为空间增添了精致高贵之感，于雅致之中现自然，平淡之中出品位。

埃菲尔之恋

设计公司：昶卓设计
设计师：耿亮
摄影师：金啸文

设计说明

有朋友说看了你们的作品，生活气息太重，我不禁莞尔，我们不是在为业主打造"家"吗？家不就是用来生活的吗？难道家要像公共空间，充满了冰冷的味道吗？看了太多沉重的设计，文化的、艺术的、经典的、奢华的……结果并不都是幸福的，一个家的设计，我觉得最好的应该是能让这个家庭的成员能充满幸福感，人们因为爱才选择生活于同一个屋檐下，而设计就是帮助业主实现并且表达这种爱。

本案女主人常常在国外出差，男主人偏爱简洁大方，而这套房子将是两人牵手一生的爱巢……因此我们以爱为主题为业主打造了一个充满爱的家。

而在为本案起名字时，看到餐厅墙面上那盏精心挑选的埃菲尔铁塔烛台，似乎已然将这个家的简约、时尚、精致表现得淋漓尽致，那么就借埃菲尔这个浪漫的名字来命名吧，有埃菲尔的地方连空气都是浪漫的。

香水百合

设计公司：TY34 精品设计中心
设计师：庄光科、颜阳
摄影师：金啸文
地点：江苏镇江
面积：160 平方米
主要材料：仿古地砖、橡木地板、墙纸、石膏线条、壁纸、陶瓷马赛克

设计说明

在城市中心，很多人已经厌倦了水泥森林里那种冰冷的住宅，而越发喜欢温暖小资的生活空间。本案设计追求的是轻松舒适的生活方式，以时下比较流行的现代美式风为基调，穿插一些跳跃的色彩，搭配质朴简单的美式家具，营造出清新自然的美式风情。整个设计没有把重点放在墙面和顶面的硬装处理上，尽量避免装修过多给人带来的厚重感，让挂画、插花和布艺以及摆设来贯穿空间的每个角落，给业主打造出轻松随意的生活空间。

国际青年社区viva

设计公司：北京王凤波装饰设计机构
设计师：王凤波
施工单位：北京王凤波装饰设计机构
摄影师：恽伟
面积：102 平方米

设计说明

有人钟情于山林的平和，有人向往湖边的优雅，有人陶醉于院落的亲切，有人迷恋繁华的都市。然而都市里是没有真正的田园的，设计师所能给予的只是一种田园般的生活感受和家居氛围。

法式乡村风格往往让人认为"脂粉气"过重，这跟法国悠久的宫廷传统分不开，但是乡村风格也不能等同于宫廷风格，它只是对其做了有益的吸收。本案延展着自然的法式乡村风格，空间故事娓娓道来。

图书在版编目（CIP）数据

田园风格 / DAM 工作室 主编 . – 武汉 : 华中科技大学出版社 , 2015.9
（空间·物语）
ISBN 978-7-5680-1279-9

Ⅰ . ①田… Ⅱ . ① D… Ⅲ . ①住宅 – 室内装饰设计 – 图集 Ⅳ . ① TU241

中国版本图书馆 CIP 数据核字（2015）第 242390 号

田园风格 空间·物语
Tianyuan Fengge Kongjian·Wuyu
DAM 工作室 主编

出版发行：华中科技大学出版社（中国·武汉）
地　　址：武汉市武昌珞喻路 1037 号（邮编：430074）
出 版 人：阮海洪

责任编辑：熊纯　　　　　　　　　　　　　责任监印：张贵君
责任校对：岑千秀　　　　　　　　　　　　装帧设计：筑美文化

印　　刷：中华商务联合印刷（广东）有限公司
开　　本：965 mm × 1270 mm　1/16
印　　张：20
字　　数：160 千字
版　　次：2016 年 3 月第 1 版 第 1 次印刷
定　　价：328.00 元（USD 65.99）

投稿热线：（020）36218949　　duanyy@hustp.com
本书若有印装质量问题，请向出版社营销中心调换
全国免费服务热线：400-6679-118 竭诚为您服务
版权所有　侵权必究